宝库典藏版编织花样

花样花片和装饰花边300

方形花片/六角形花片/八角形花片/圆形花片/三角形花片/装饰花边

日本宝库社编著
梦工房　译

河南科学技术出版社
·郑州·

花样花片有方形、六角形、八角形、圆形等图案，用不同粗细或种类的线可以缔造出不同风格的花片。
让我们抽出一点闲暇时间，一个一个慢慢地钩织，
不仅可以享受这快乐的时光，还可以创作出属于你自己的个性作品。

目录

关于本书中符号的说明

1

大部分花片从中间开始钩织，中心钩完一圈后用一针引拔针过渡到下一行。除个例外，均按同一方向（逆时针方向）钩织。

2

花片有两种连接方法：全部钩织完再连接和最后一行边钩织边连接。无论使用哪种方法，最后都要接上装饰花边。

3

花片的图示约为实物的60%大小，并注明了用线的数量、长度供参考。

4

线的尾端收在花片结束时比较好。

按线的粗细确定花片的大小

图片为实物大小

●相同钩织图案的花样（No.48）会因线的粗细变化而大小有所不同。

方形花片……单色

001

002

003

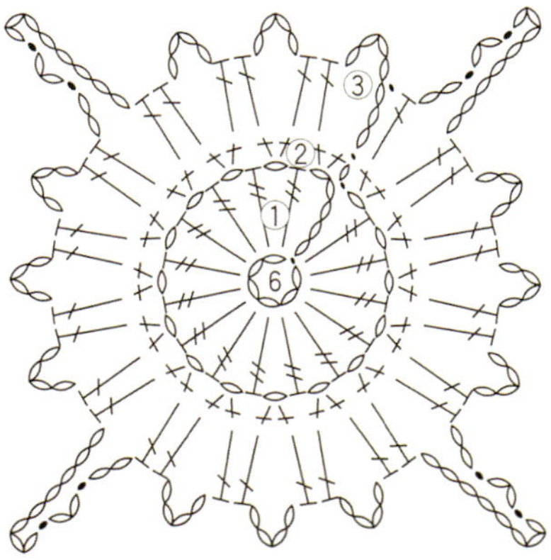

用线：001、002/40g、约112m，003/40g、约150m

004

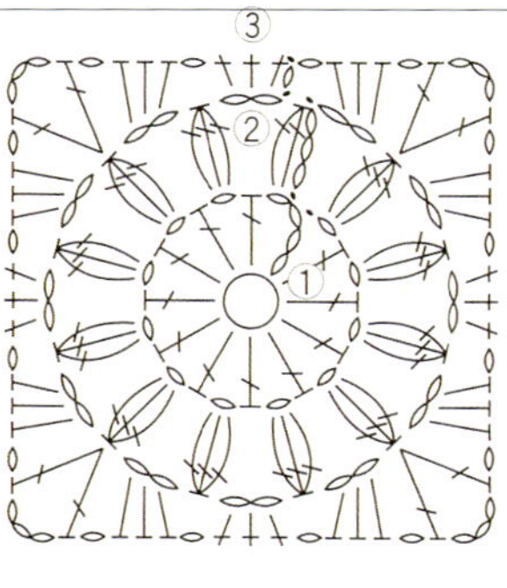

005

半卷针缝连接

006

用线：40g、约112m

007

008

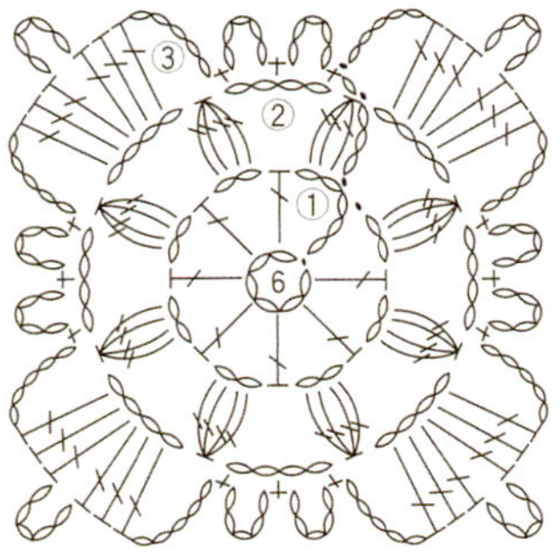

009

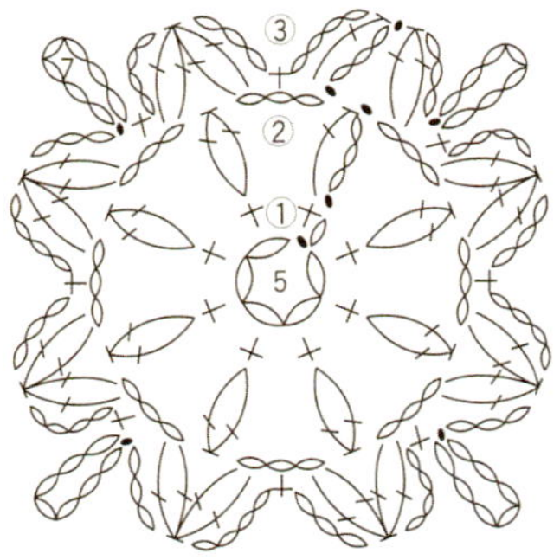

用线：40g、约150m

010

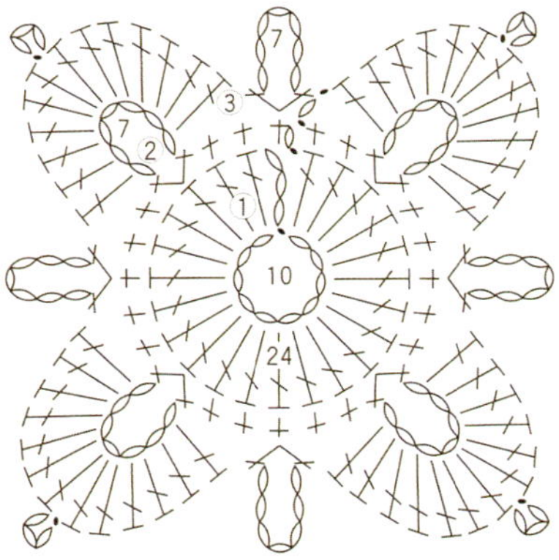

011

012

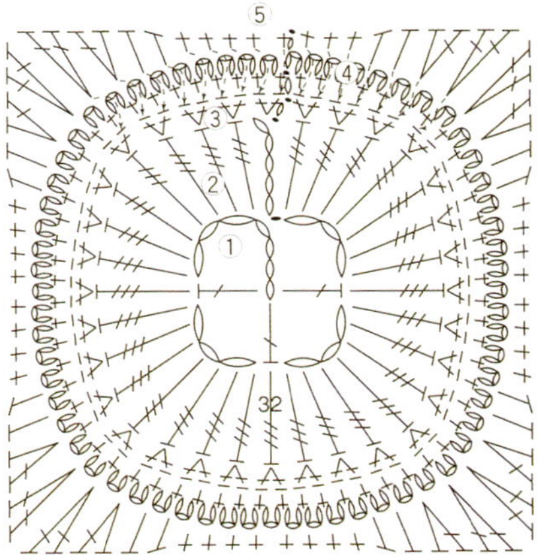

※第④行挑起第③行短针前面的一根线，
第⑤行挑起第③行短针背面的一根线。

半卷针缝连接

用线：40g、约150m

013

014

015

用线：40g、约150m

016

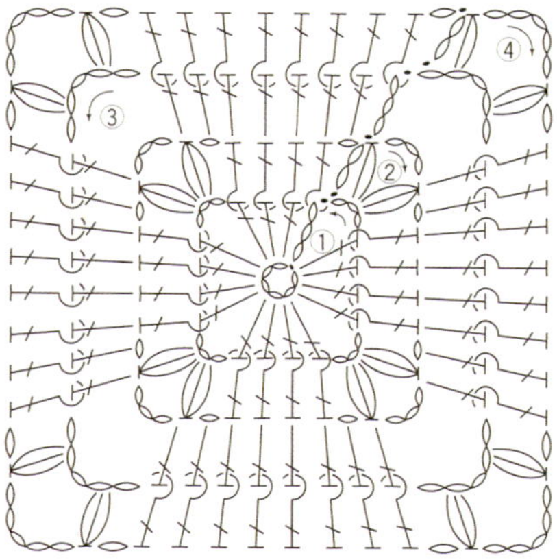

半卷针缝连接

017

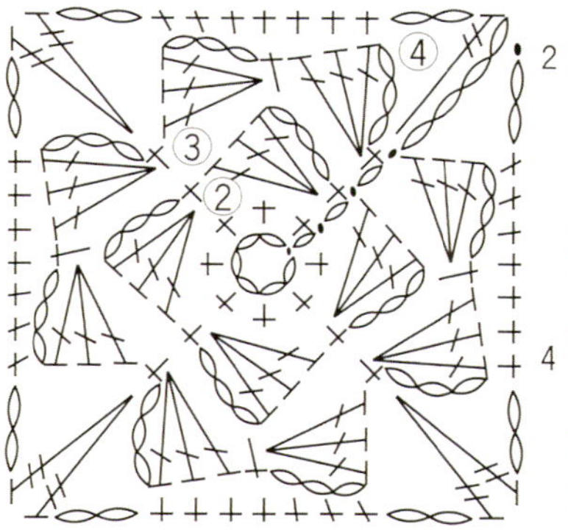

用线：40g、约150m

半卷针缝连接

019

018

018

※018、019的连接方法见9页。

= 3卷长针、长长针、长针、未完成的中长针，按顺序编织

019

※第③行，第⑤行短针里的引拔针从第①、第③行的线圈中穿过。

020

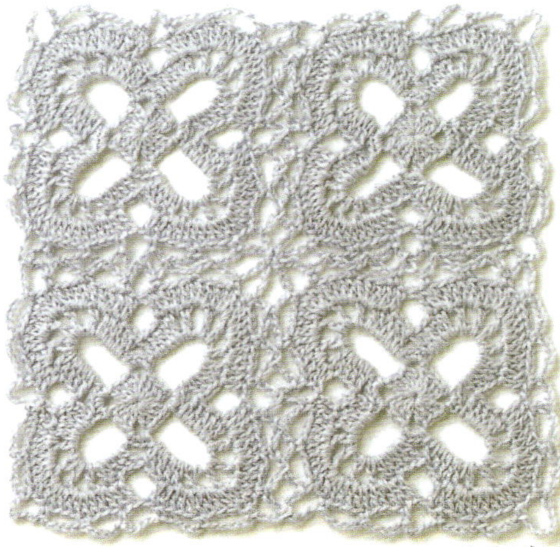

用线：25g、约150m

021

022

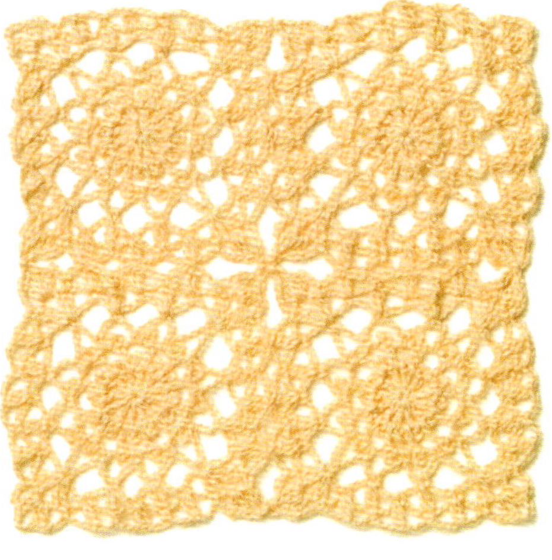

用线：25g、约150m

023

半卷针缝连接

024

用线：25g、约150m

✻ 环形起针

钩织锁针

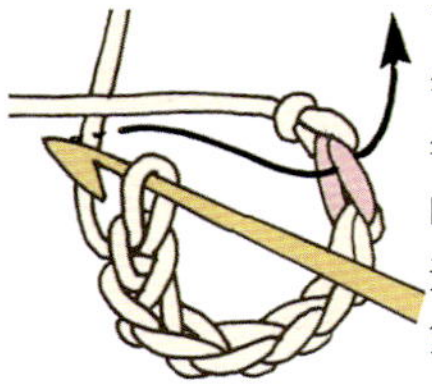

1 钩指定的针数，逆时针翻转过来插入第1针。

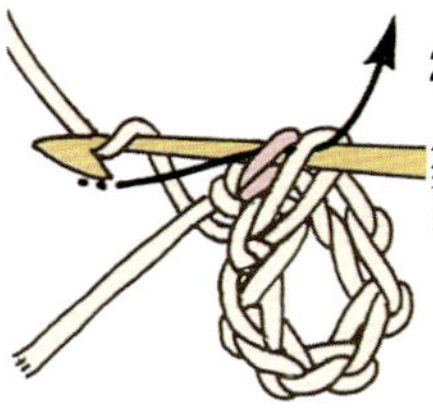

2 用钩针绕线，引拔出。

绕线圈的方法

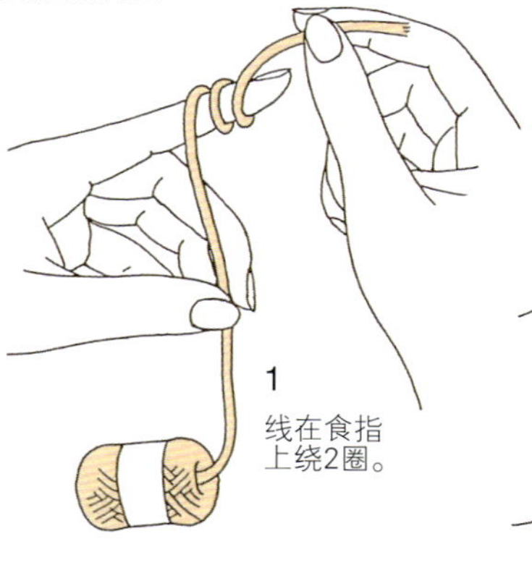

1 线在食指上绕2圈。

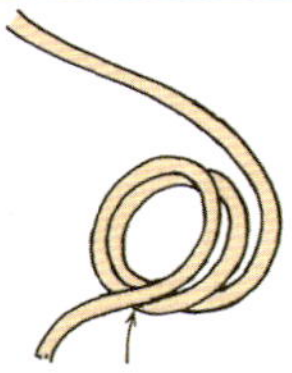

（用手指按住线）

2 取下线圈，将长线一端绕在左手上，用拇指和中指按住交叉点。

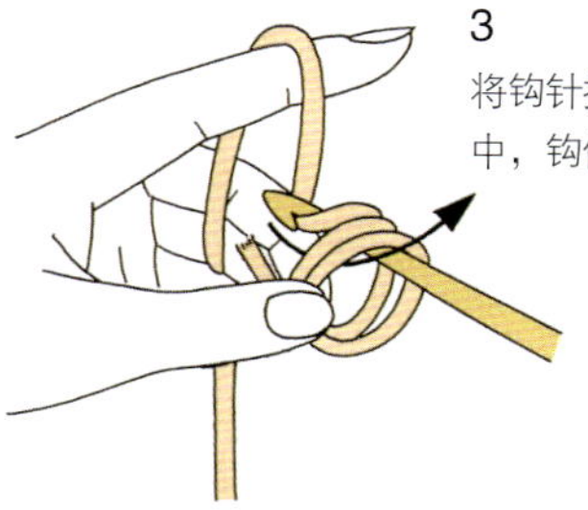

3 将钩针插入线圈中，钩住线。

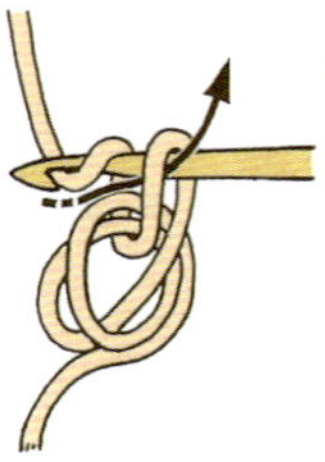

4 再次绕线，钩线拉出。

5 完成第一针，但不记入针数。

025

☆处的引拔针和第②行的2针锁针从内侧一起挑针钩织。

④③浅蓝色
②①蓝灰色

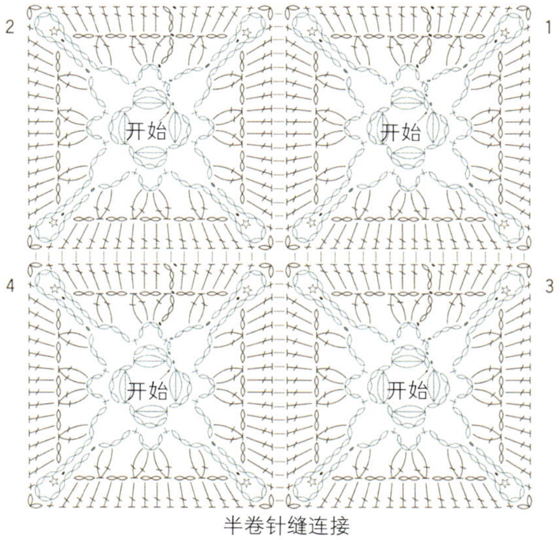

半卷针缝连接

026

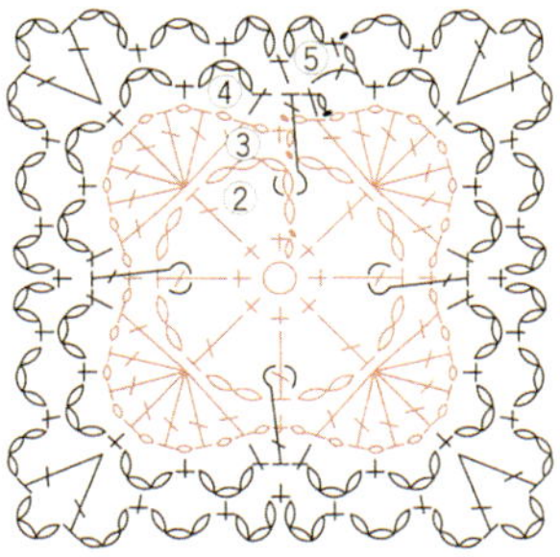

⑤④白色
③②①浅褐色（藕粉色）

027

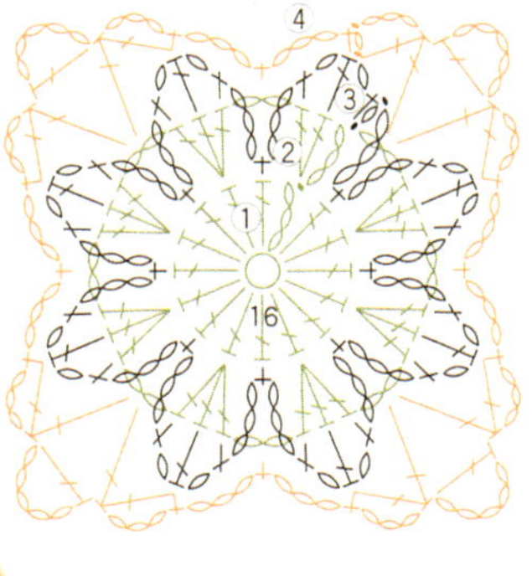

④浅橙色
③橄榄绿
②①嫩绿色

用线：25g、约150m

028

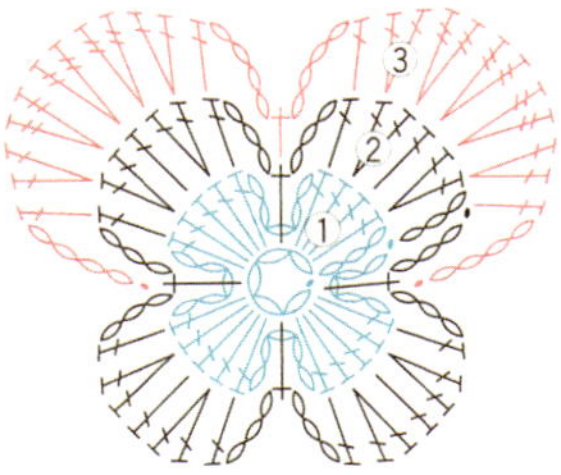

3 粉色
2 浅紫色
1 浅蓝色

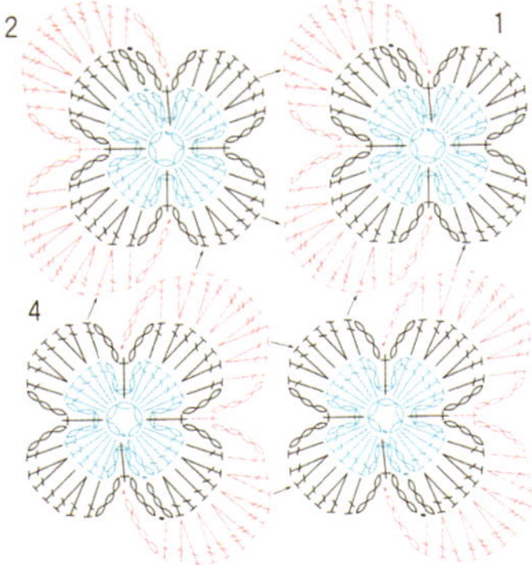

029

4 金棕色
2、3 芥黄色
1 草绿色

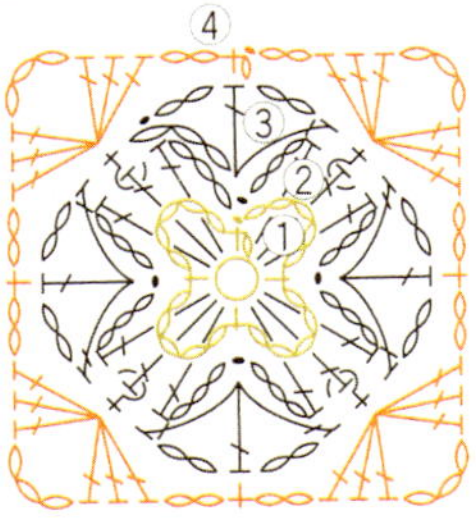

030

用线：40g、约142m

4 浅灰色
3、2 白色
1 浅灰色

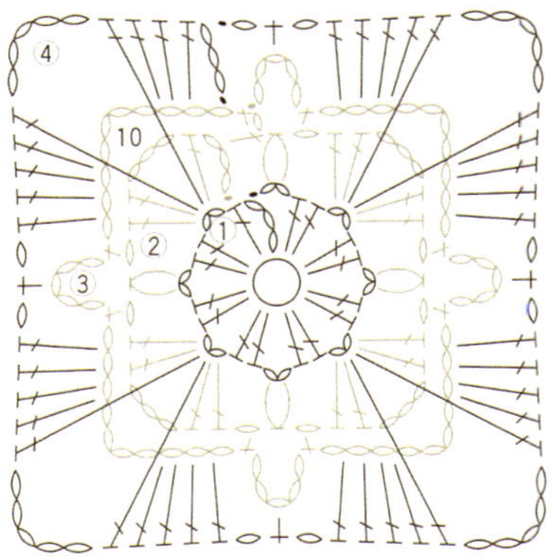

＊从环形开始钩织

1
立织一针锁针。

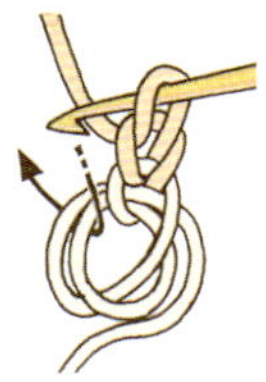

2
钩针从环中插入，钩线拉出，再绕线拉出。

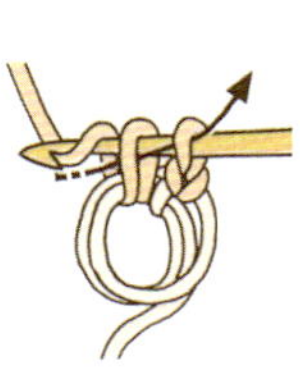

3
钩织指定数目的短针，拉动线头。

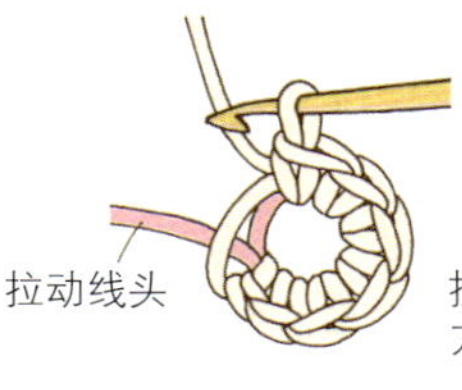

4
将环形按箭头所示方向拉紧。

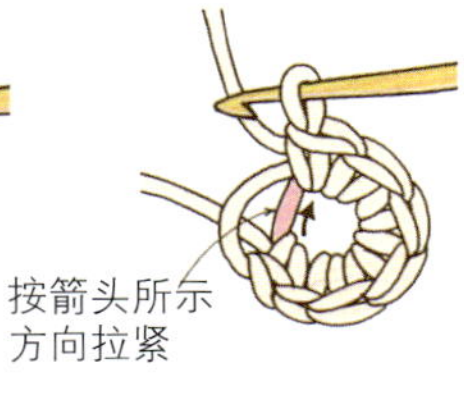

5
固定线头。

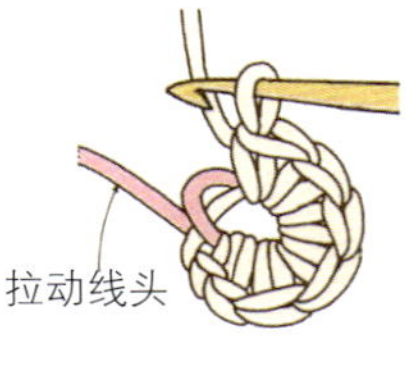

6
在第一行尾端插入起头的第一针钩引拔针。

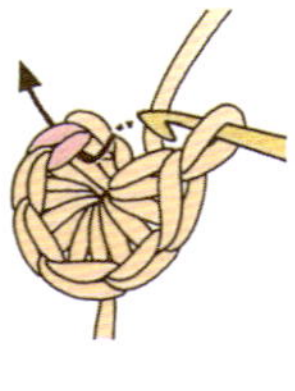

031

5、4 茶色
3、2 红褐色
1 米色

半卷针缝连接

032

半卷针缝连接

4 蓝灰色
3 灰色
2 蓝灰色
1 浅灰色

033

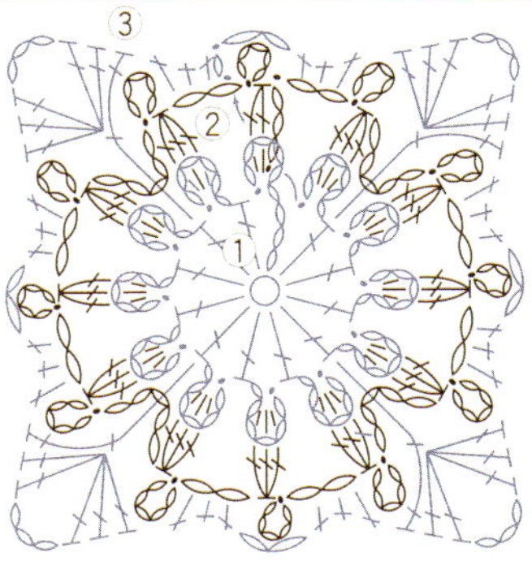

3 浅紫色
2 橄榄绿色
1 浅紫色

用线：25g、约142m

034

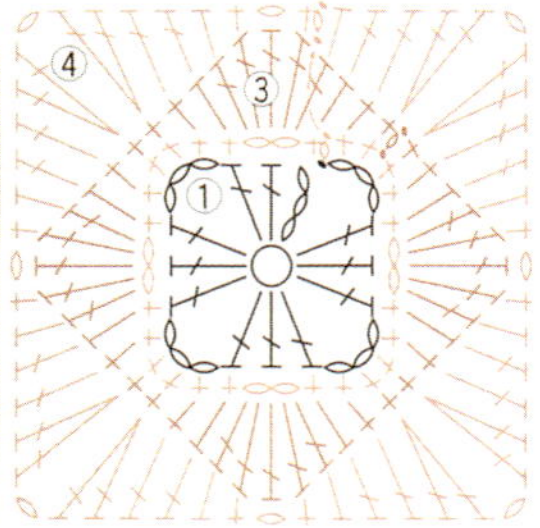

④ 暖白色
③ 枯叶色
② 暖白色
① 绿色

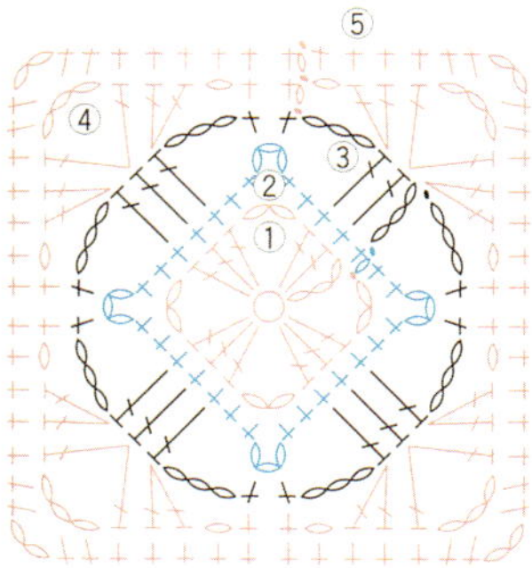

⑤
④ 枯叶色
③ 竹青色
② 天蓝色
① 枯叶色

半卷针缝连接

用线：40g、约160m

035

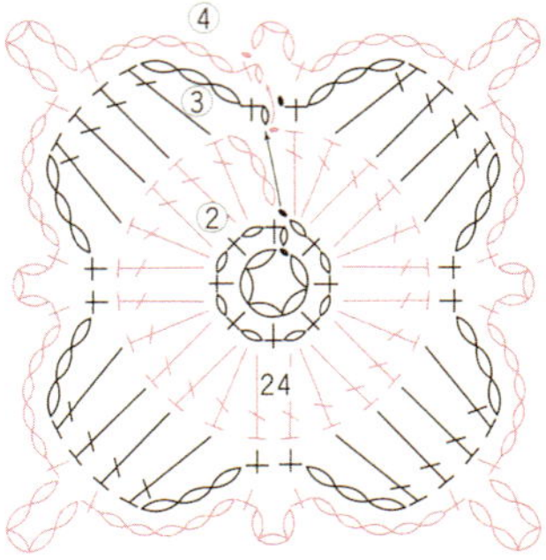

④ 粉色
③ 乳白色
② 粉色
① 乳白色

037

⑤ 粉色
④ 苔绿色
③
② 柳绿色
① 粉色

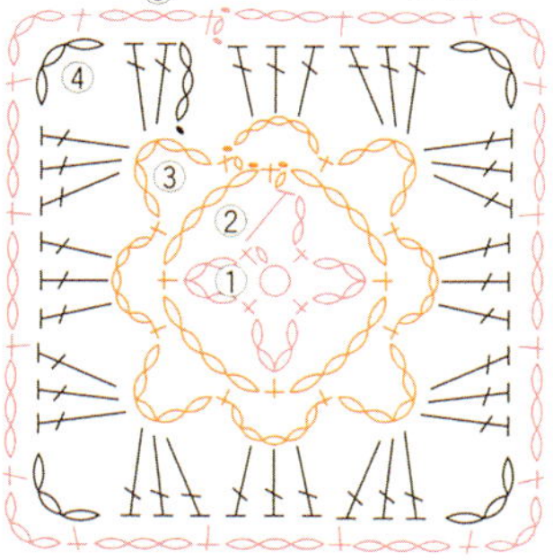

038

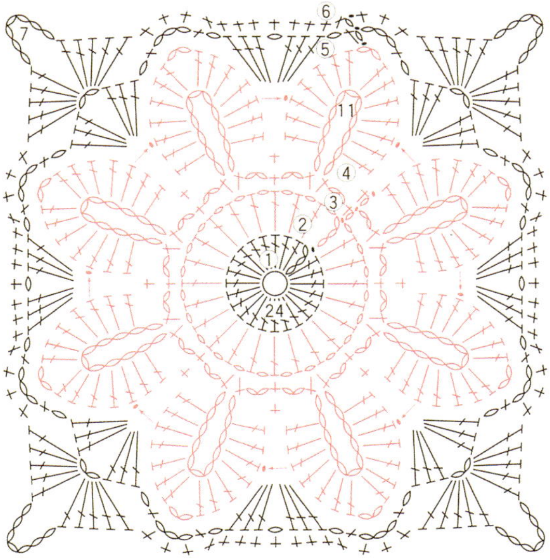

⑥
⑤ 天蓝色
④
③ 粉色
②
① 天蓝色

039

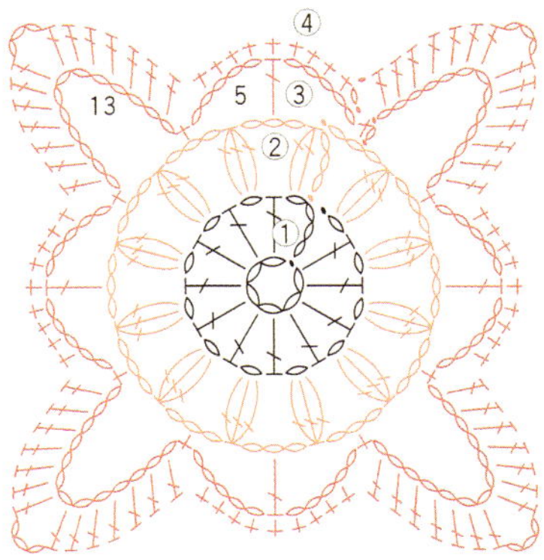

④
③ 肉粉色
② 乳白色
① 乳白色

用线：40g、约160m

方形花片……配色

040

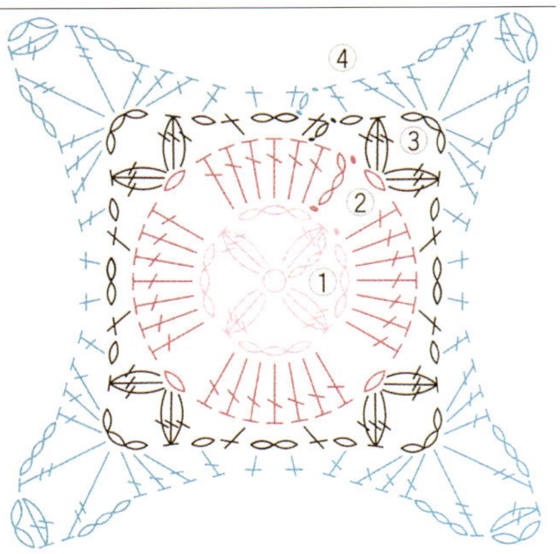

4 天蓝色
3 紫红色
2 艳粉色
1 粉色

4 }草绿色
3
2 }乳白色
1

041

用线：25g、约127m

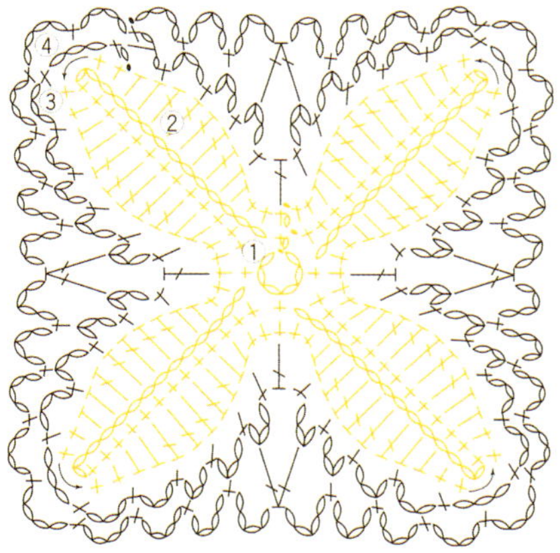

＊一行的结束方法

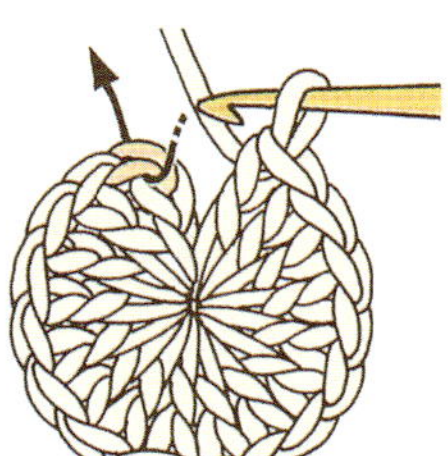

1
将钩针插入立织锁针的2根线中。

2
钩线拉出。

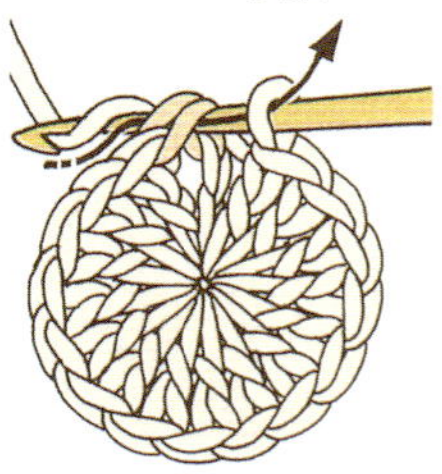

3
完成后钩下一行的立针。

＊花样的结束方法

1
用缝针穿上线头，在下一针处穿入。

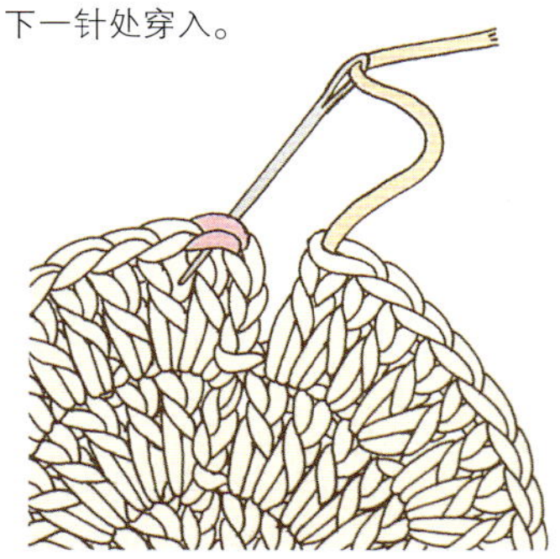

2
回穿入最后一针，按线圈大小在内侧收针。

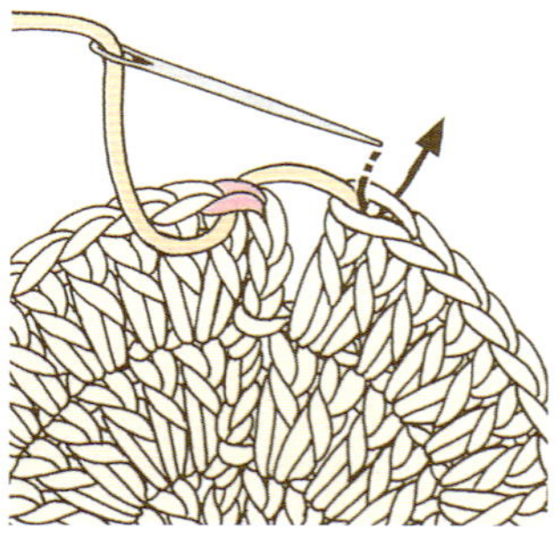

042

⑦⑥ 灰褐色
⑤ 驼色
④ 白色
③ 浅灰色
② 驼色
① 浅灰色

半卷针缝连接

043

半卷针缝连接

⑧ 银灰色
⑦ 粉色
⑥ 银灰色
⑤ 粉色
④ 银灰色
③ 粉色
②① 银灰色

用线：25g、约127m

044

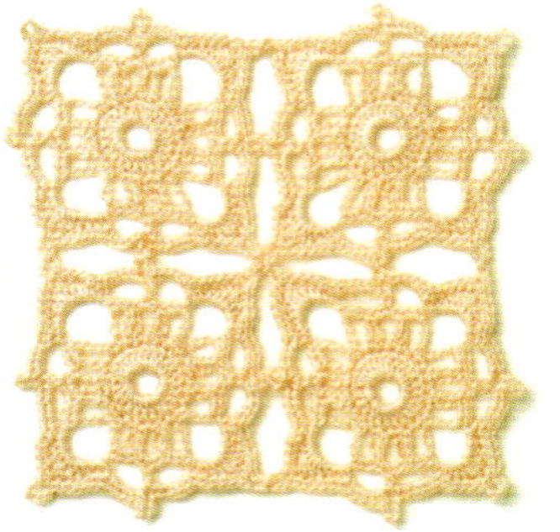

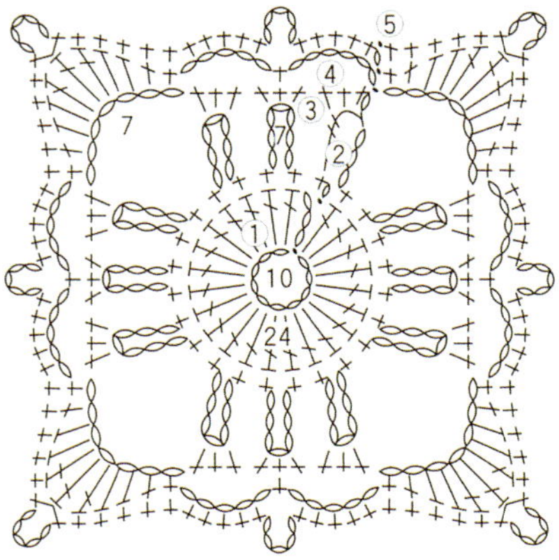

045

046

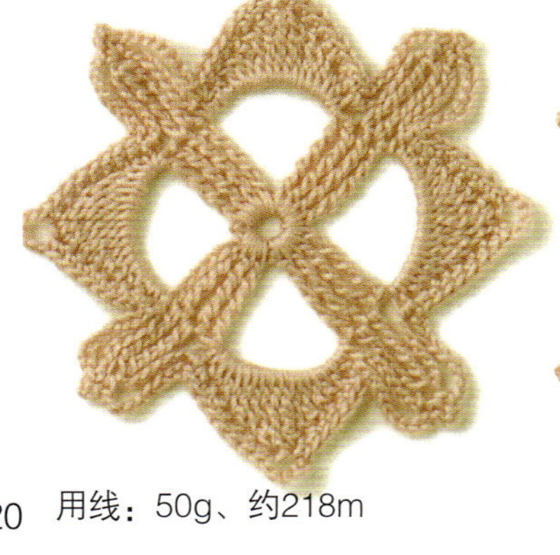

 用线：50g、约218m

047

048

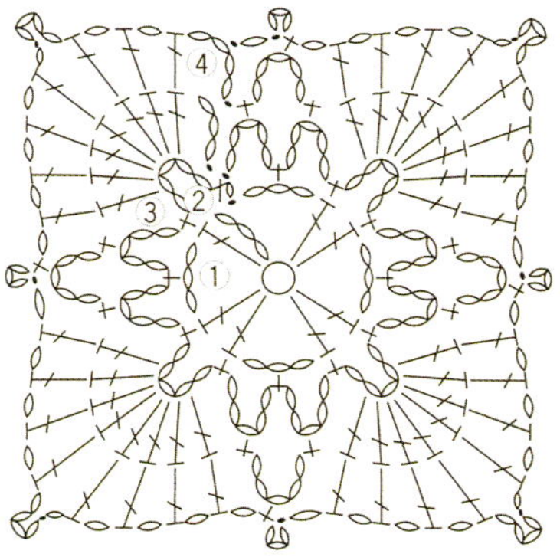

049

用线：50g、约218m

050

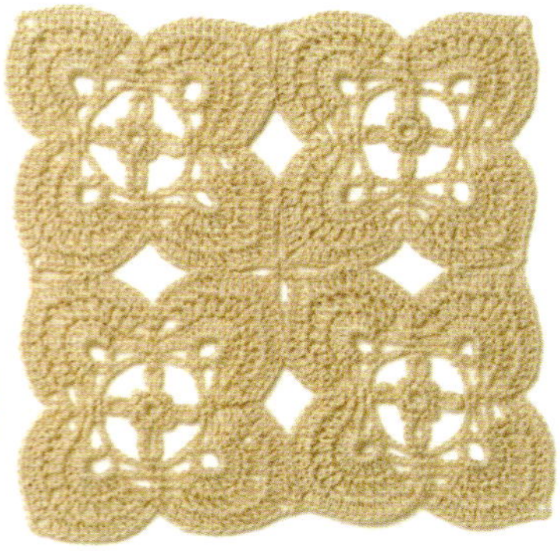

051

半卷针缝连接

052

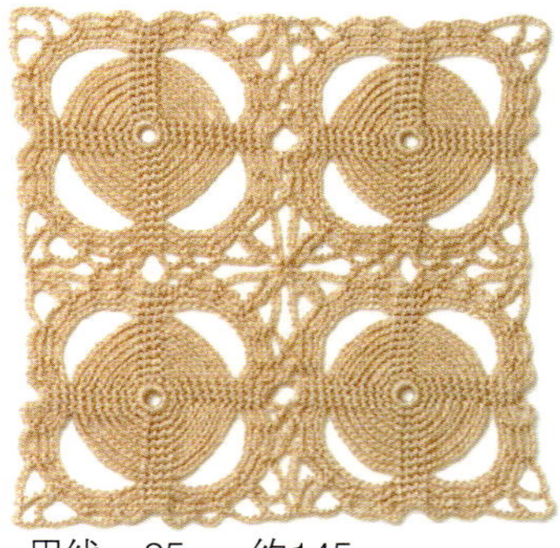

用线：25g、约145m

053

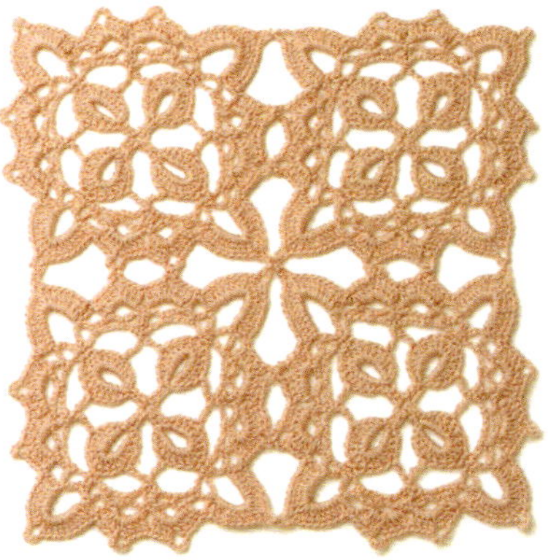

054

用线：25g、约145m

055

056

059

用线：055/25g、约145m，056/25g、约160m

057

058

059

※编织图见24页。

用线：20g、约 160m

060

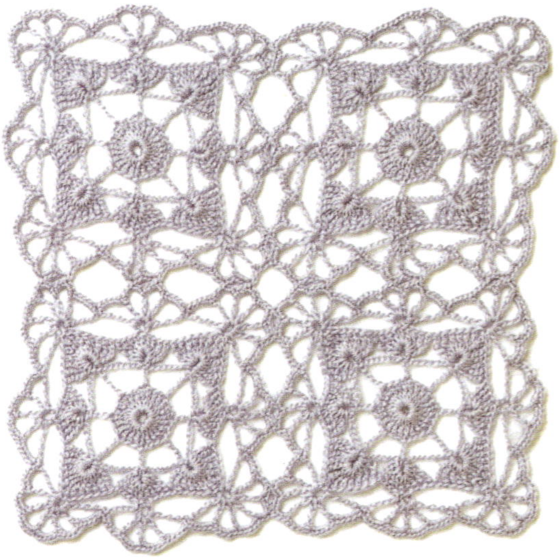

用线：25g、约160m

061

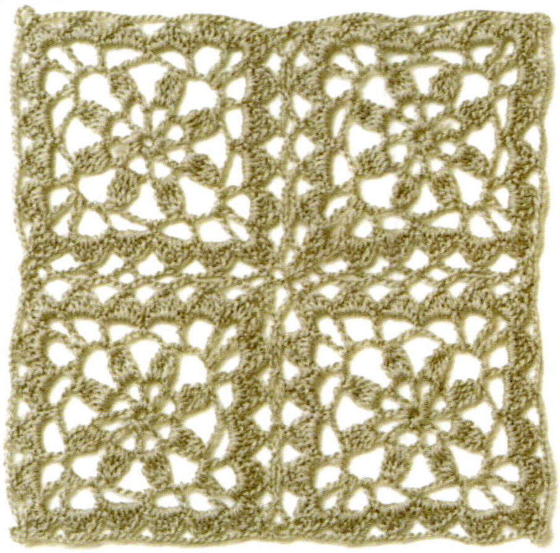

062

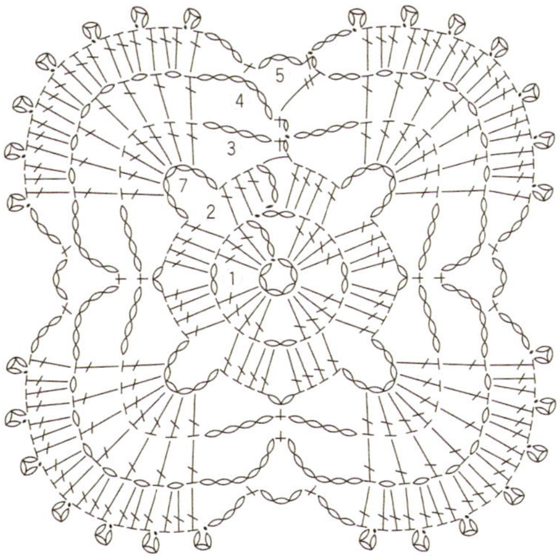

063

用线：25g、约160m

065

064

065

※连接方法见27页。

用线：25g、约160m

066

067

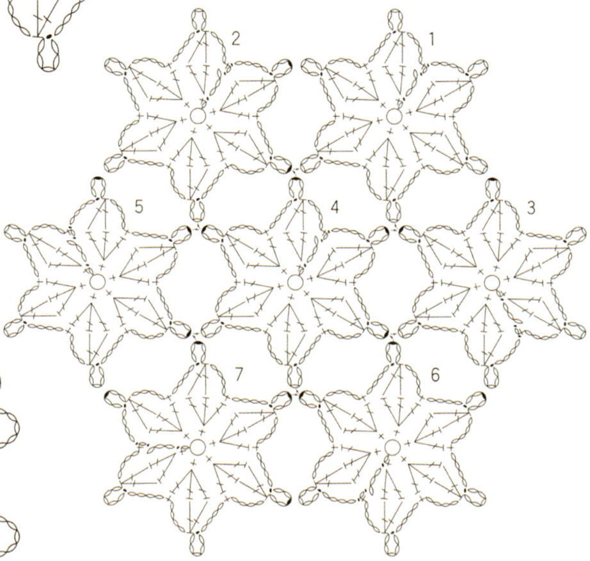

068

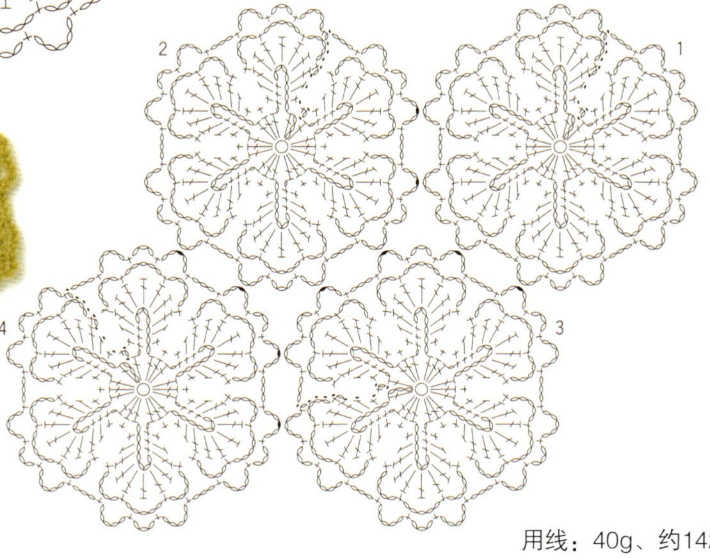

用线：40g、约142m

069

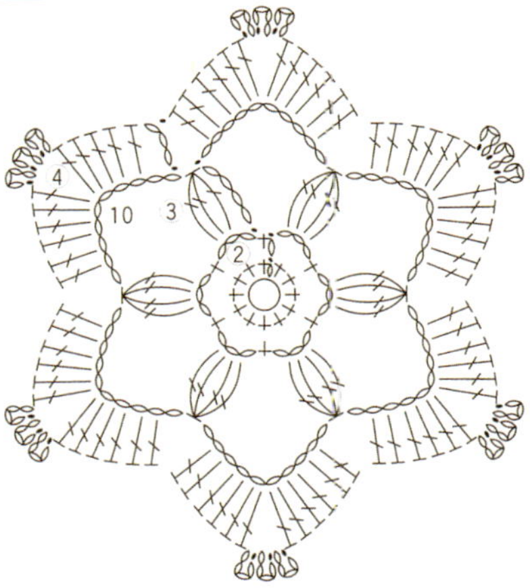

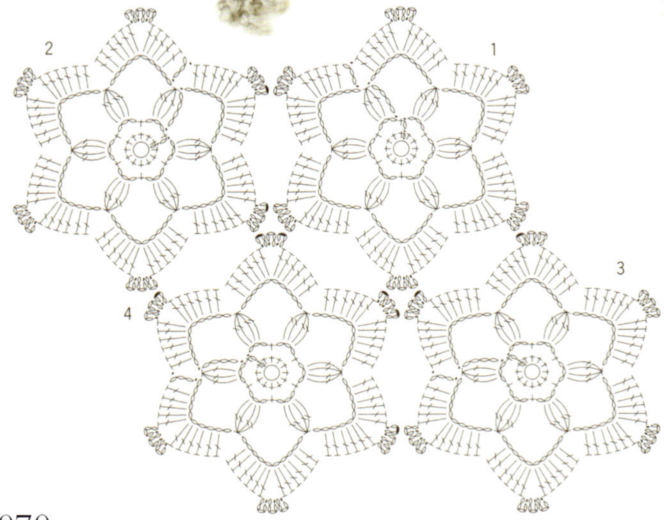

070

071

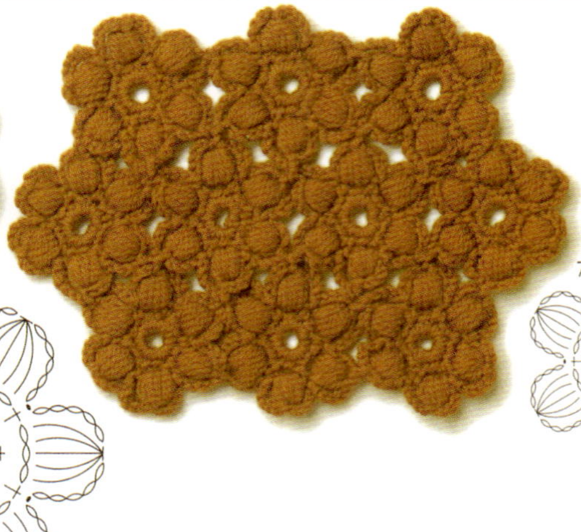
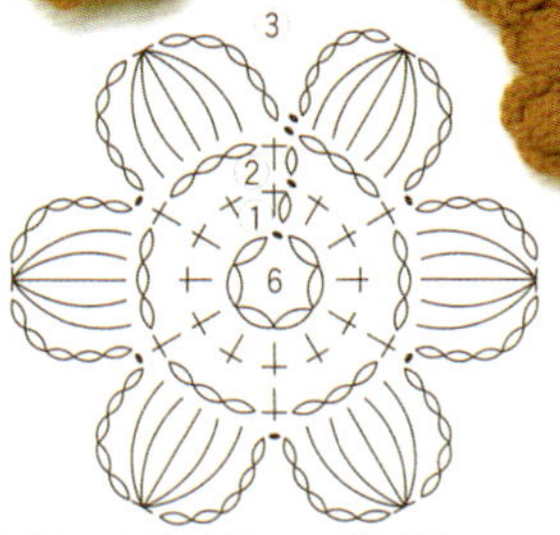

用线：069、070/40g、约150m，071/40g、约142m

072

073

用线：40g、约150m

074

075

用线：40g、约150m

☆=未完成编织的状态，完成后一次性引拔钩织。

076

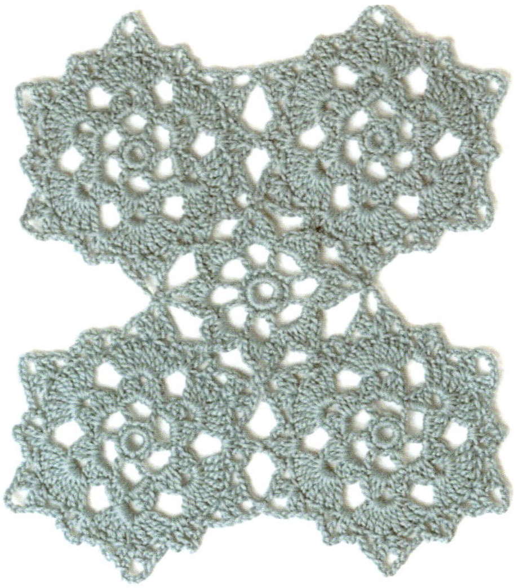

077

用线：25g、约 105m

078

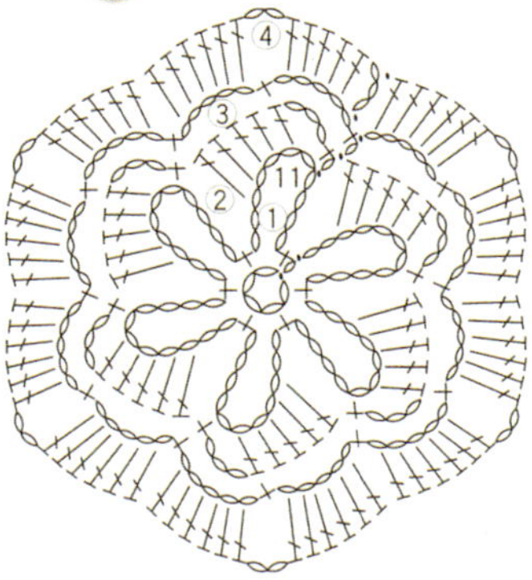

079

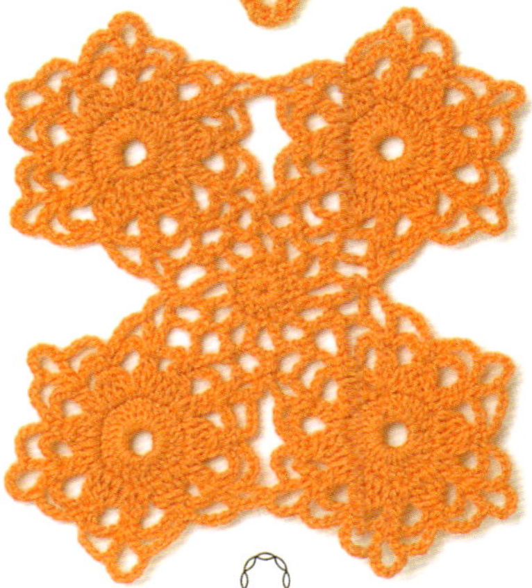

080

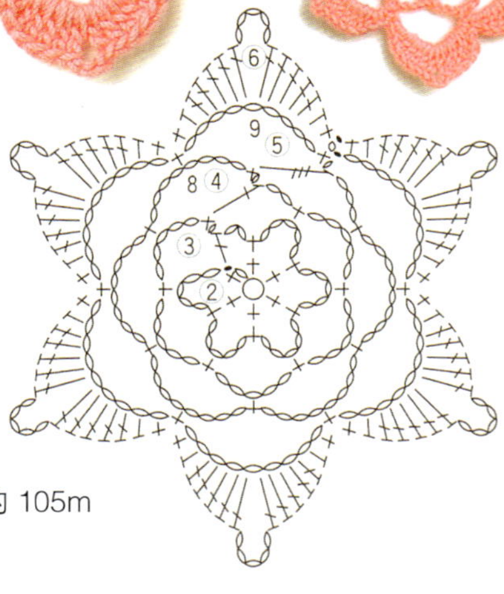

用线：25g、约 105m

081

082

用线：25g、约155m

083

084

用线：25g、约155m

085

④ 乳白色
③ 青绿色
②
① } 乳白色

086

⑤
④ } 青绿色
③
②
① } 乳白色

用线：40g、约150m

087

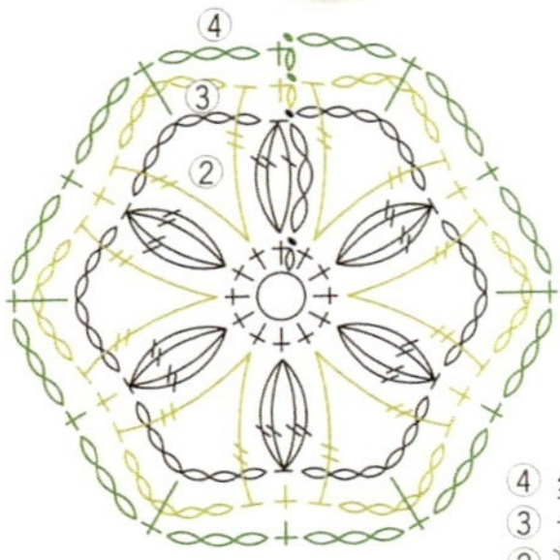

④ 绿色
③ 黄绿色
② } 苔绿色
①

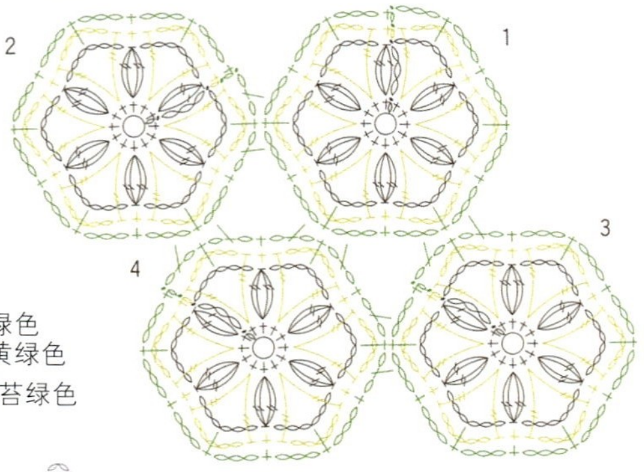

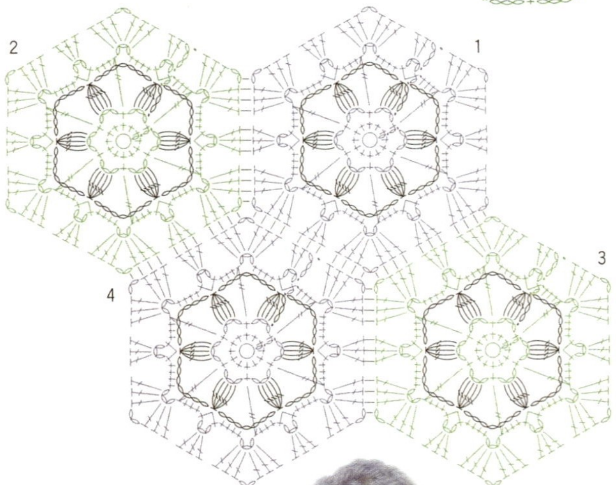

088

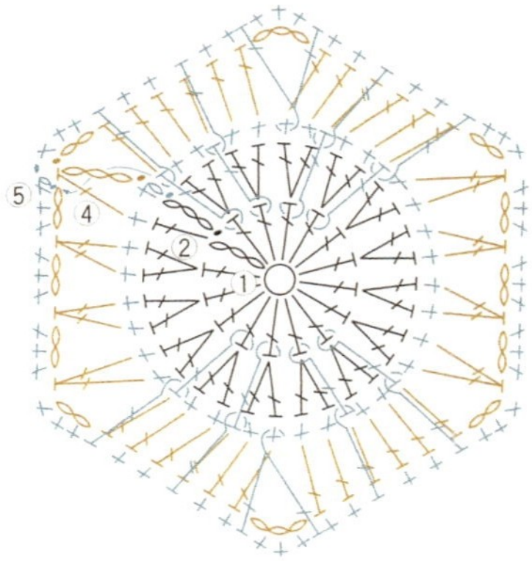

⑤ 青紫色
④ 苔绿色
③ 青紫色
② } 白色
①

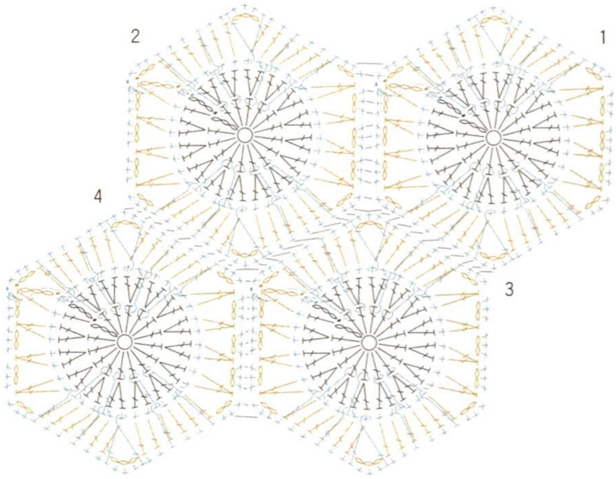

089

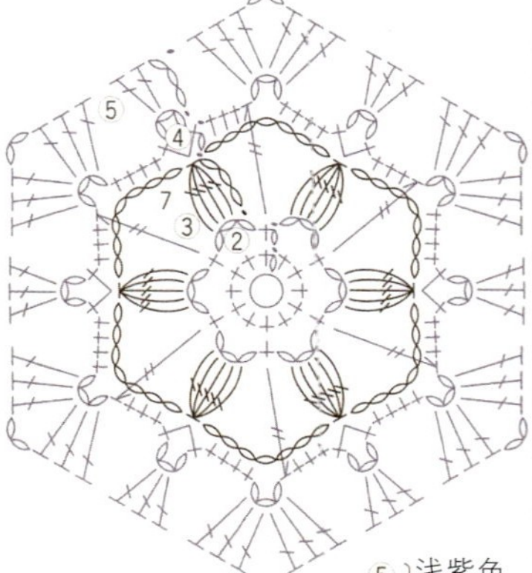

⑤ } 浅紫色
④ （浅绿色
③
② } 浅紫色
① （浅绿色

用线：40g、约120m

090

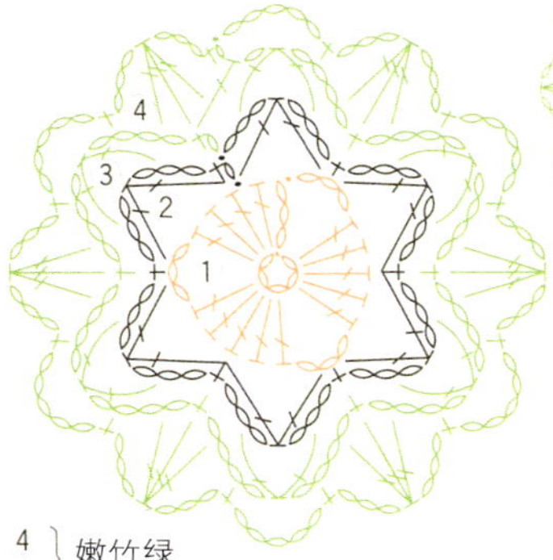

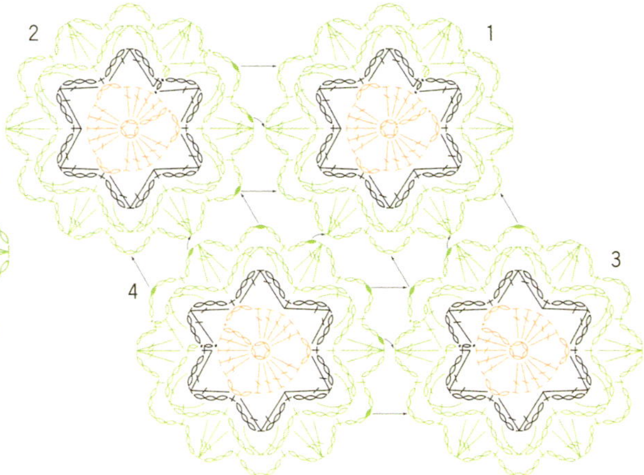

4、3 嫩竹绿
2 红茶色
1 橙色

091

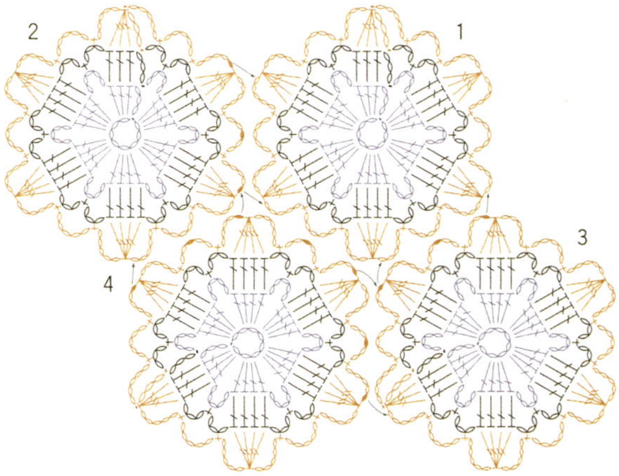

3 浅棕色
2 白色
1 浅紫色

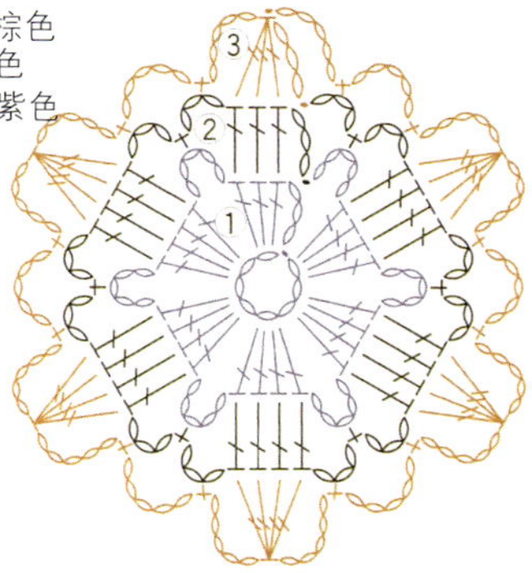

092

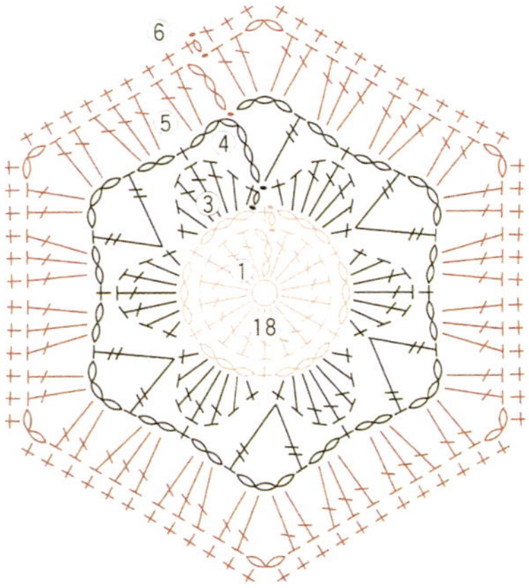

6、5 紫红色
4、3 粉色
2、1 浅紫红

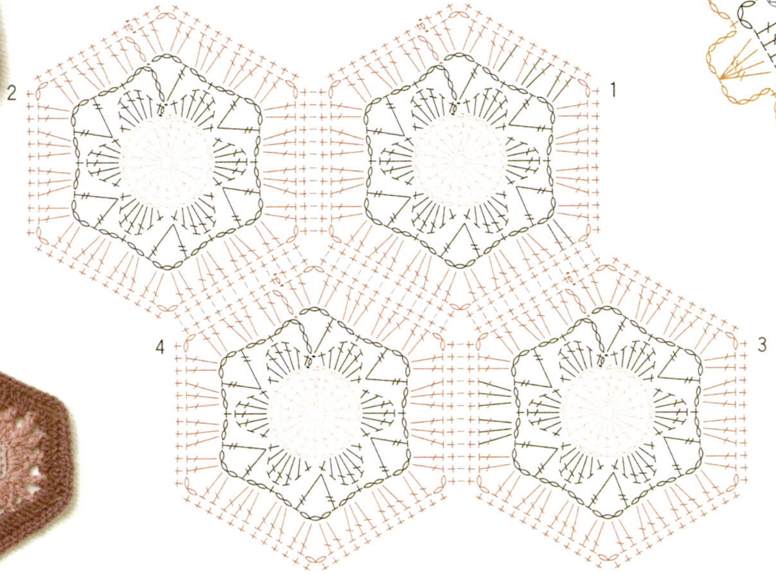

用线：40g、约120m

六角形花片……配色

093

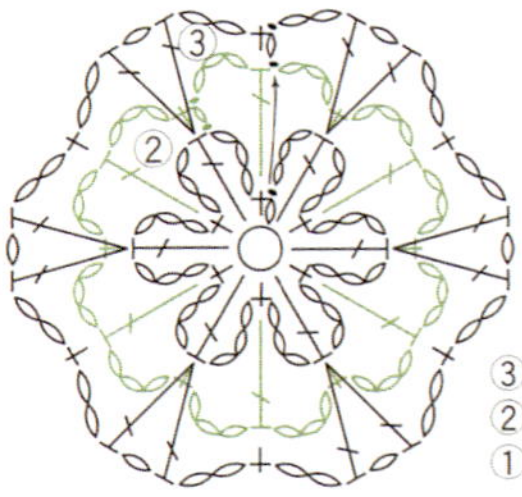

用线：40g、约180m

094

095

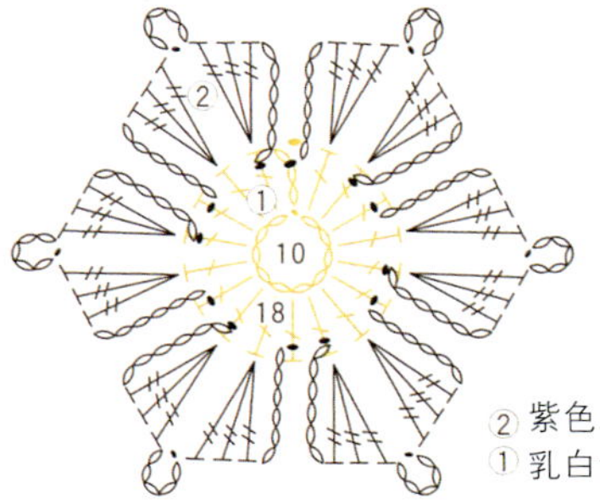

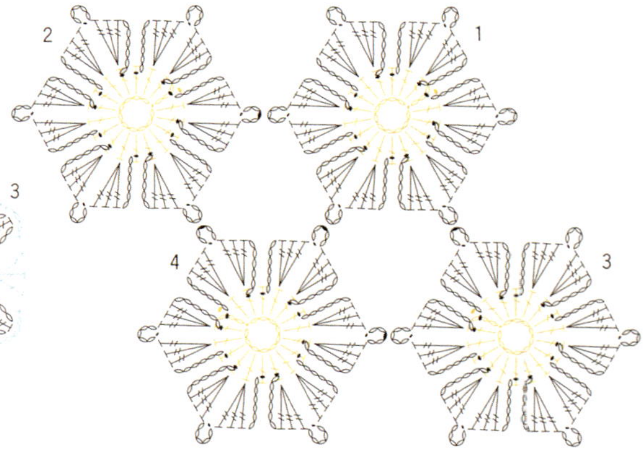

✲ 网状花移动行的方法

1
钩2针锁针，在最开始的短针上钩长针。

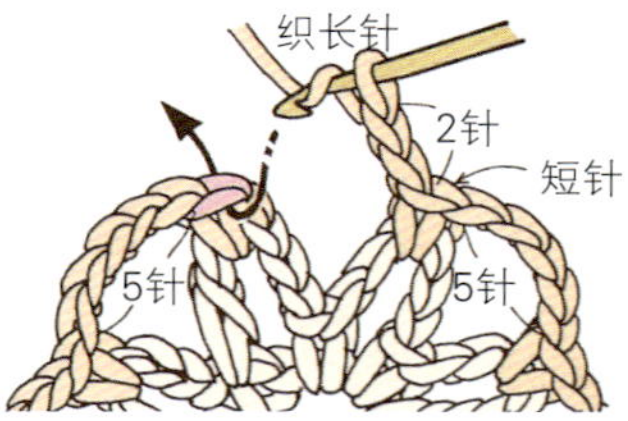

2
拉出完成。

3
下一行钩1针立针，挑前行整段的长针织1针短针。

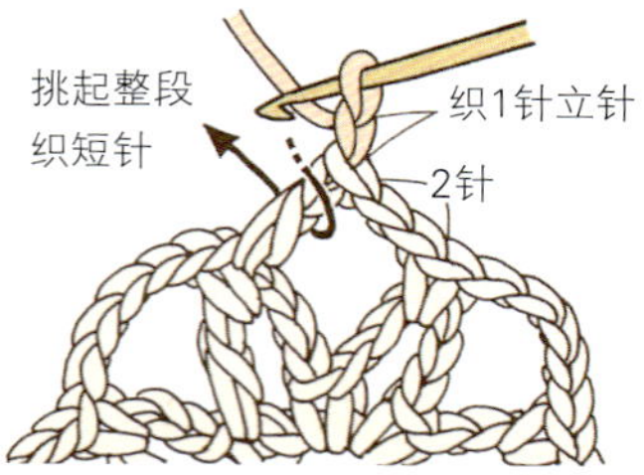

4
拉出完成。钩下一个弧形。

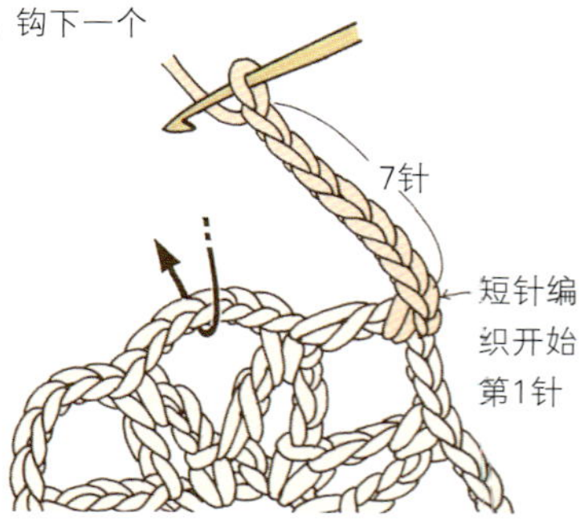

096

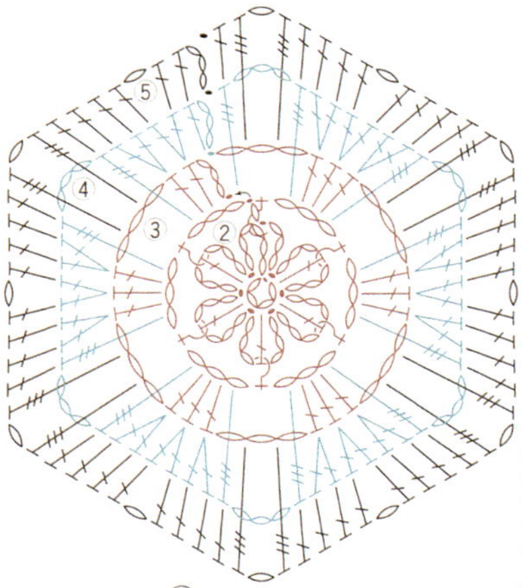

5 咖啡色
4 浅蓝色
3
2 紫红色
1

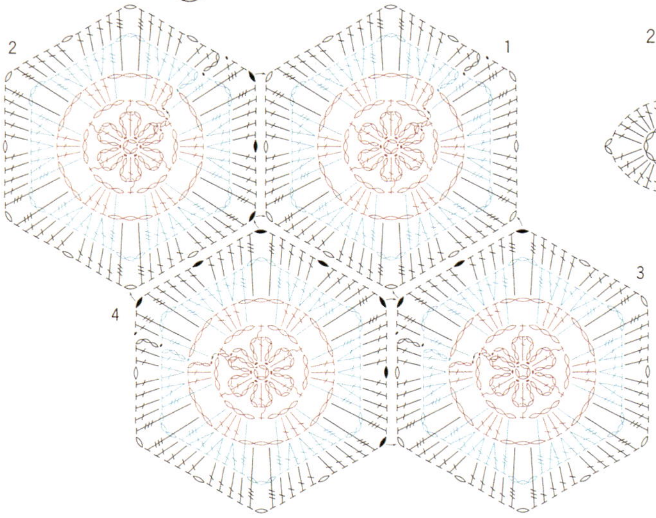

097

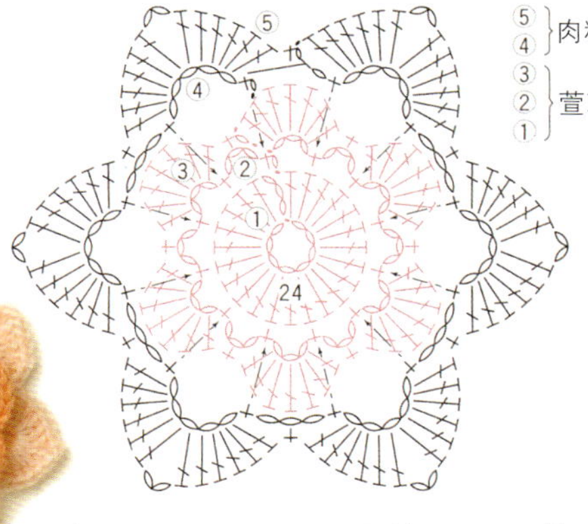

⑤
④ 肉粉色
③
② 萱草色
①

用线：40g、约180m

✻ 半卷针缝的连接方法

1

将花片对齐，缝针挑起半针缝合。

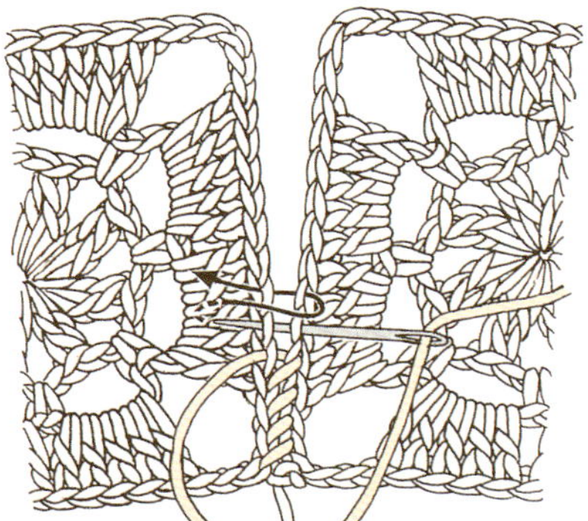

2

其余部分也同样用半卷针连续缝合。

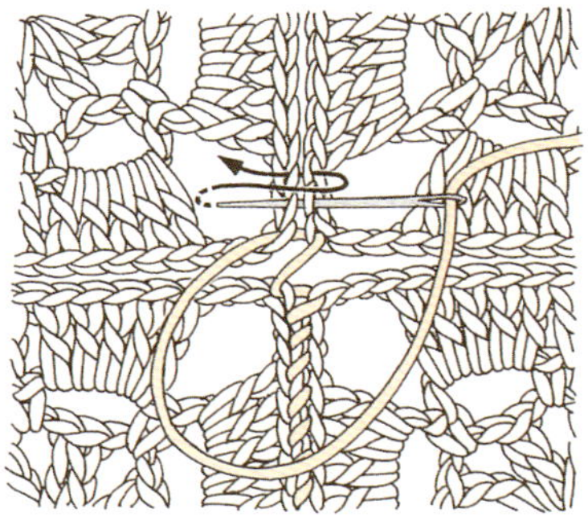

3

横向也同样缝合。4个花片相交处用缝线交叉连接。

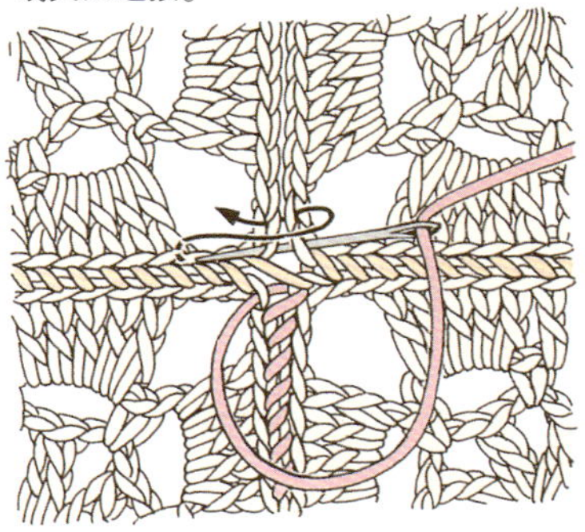

098

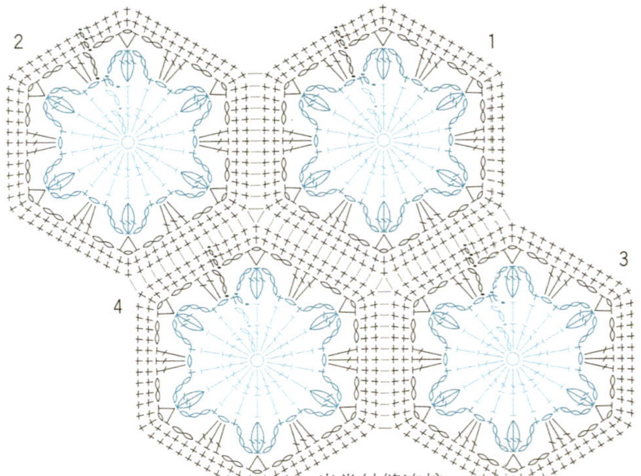

半卷针缝连接

099

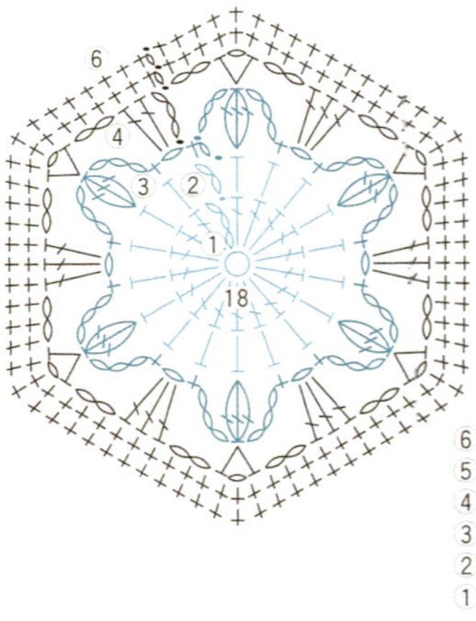

用线：40g、约180m

✻ 替换配色线的方法

连续钩织的方法

1

在行尾挑起锁针的2根线。

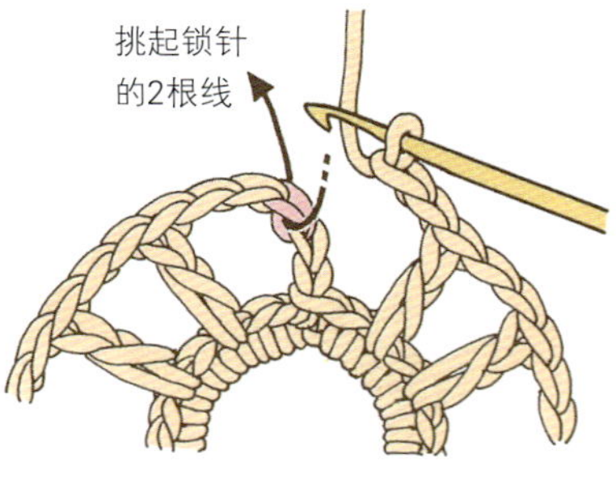

2

将底线和配色线都绕在针上，只将配色线钩出。

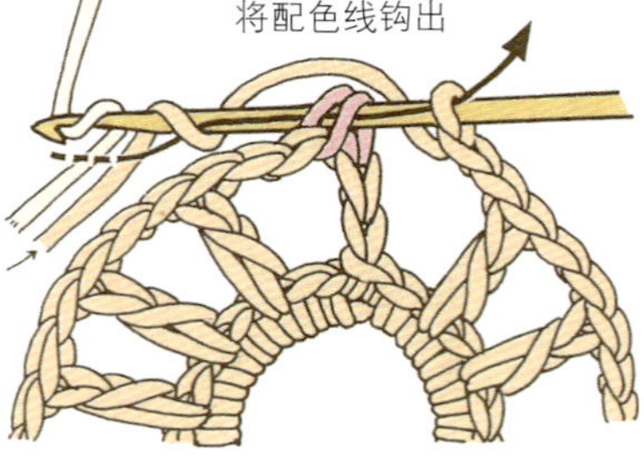

3

下一行的尾端处理同步骤2，将前一行的底线钩出。

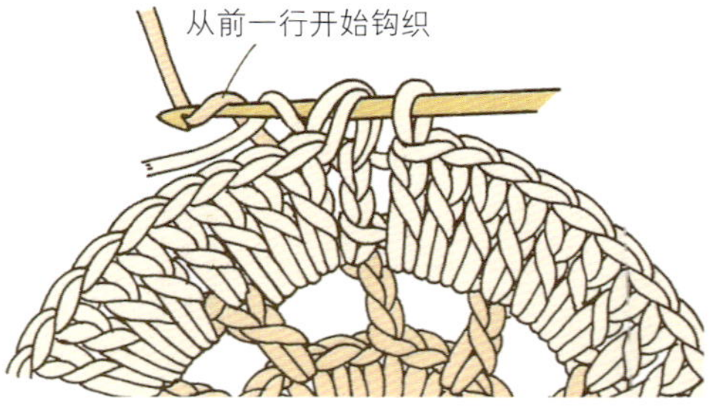

100

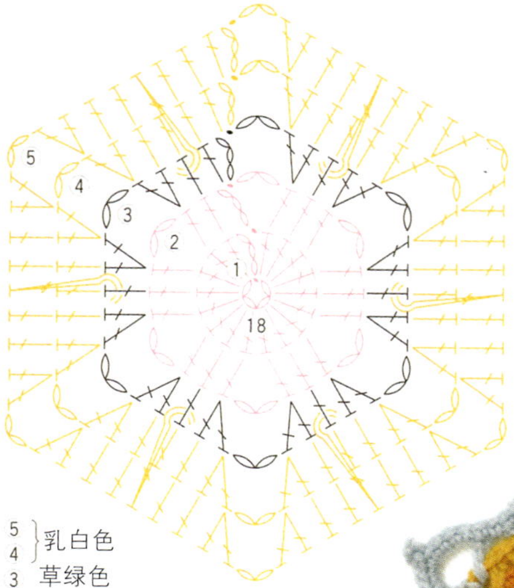

5
4 }乳白色
3 草绿色
2
1 }粉色

101

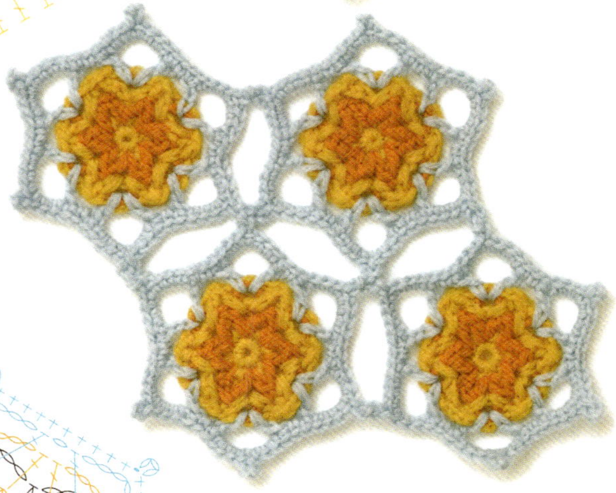

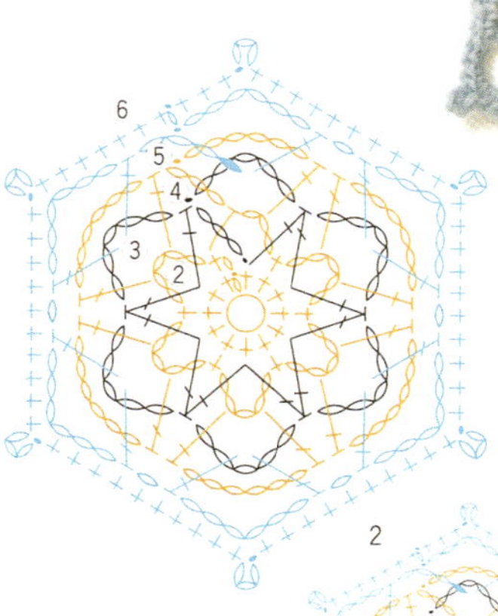

6
5 }浅蓝色
4 芥黄色
3 黄褐色
2
1 }芥黄色

用线：40g、约180m

线头的处理方法

4
织3针立针（锁针）。

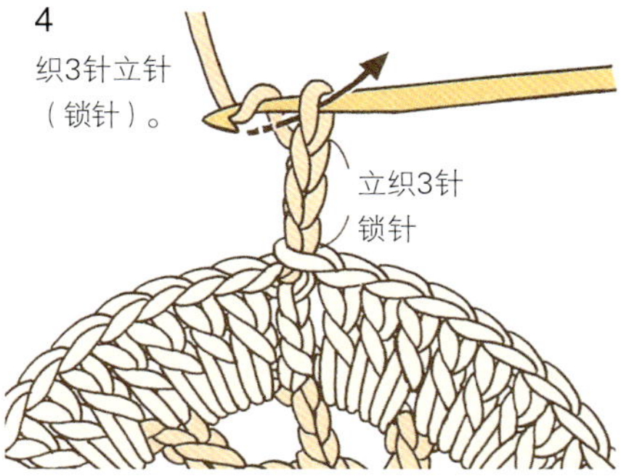

1
将线头穿上缝针，按箭头所示，穿入长针顶部的2根线，再从最后一针的线圈拉出。

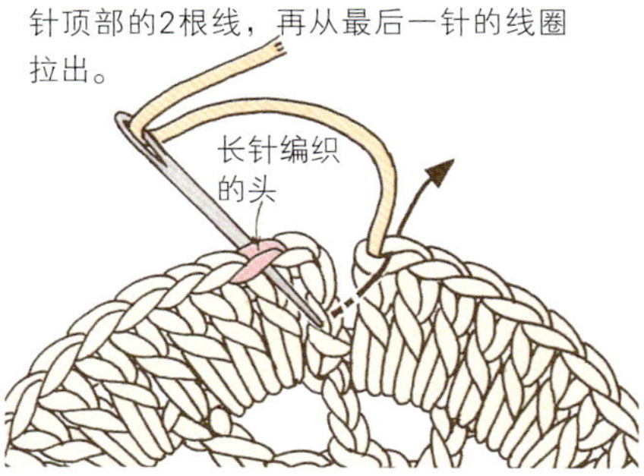

2
在内侧穿过2-3cm的针数后结束。

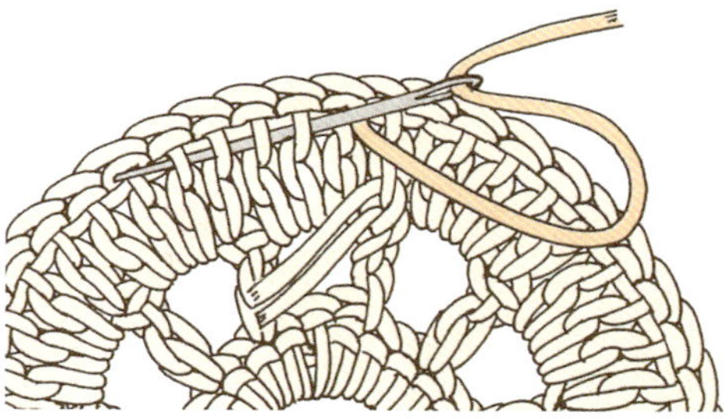

102

103

104

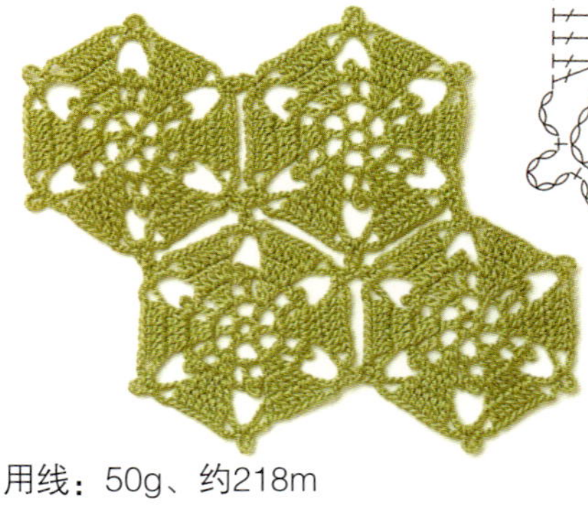

用线：50g、约218m

105

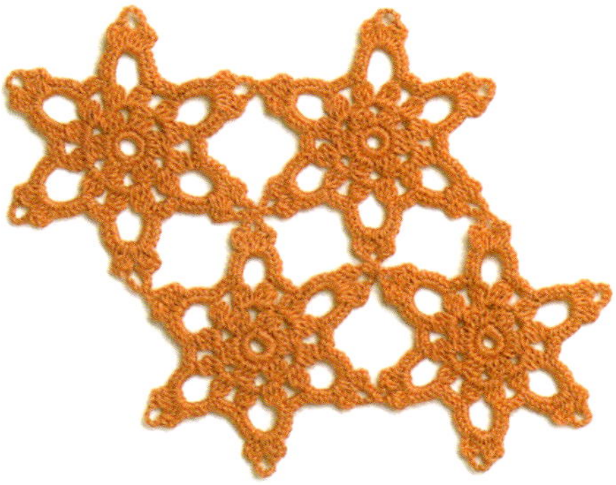

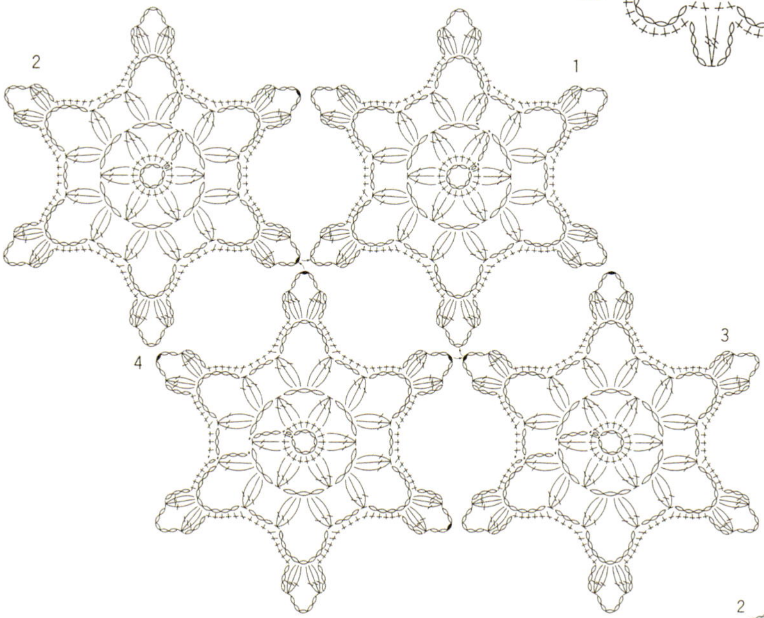

106

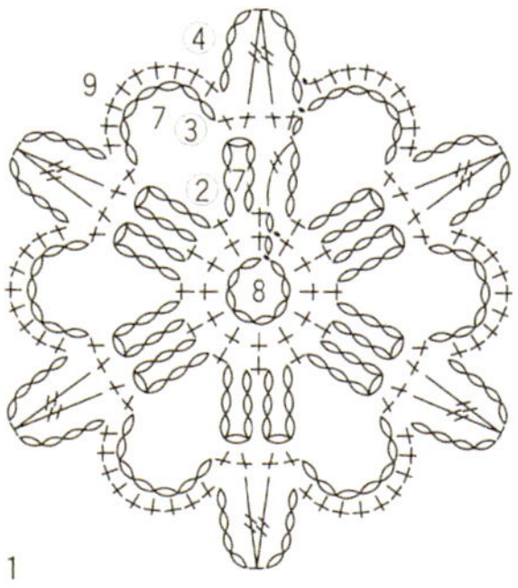

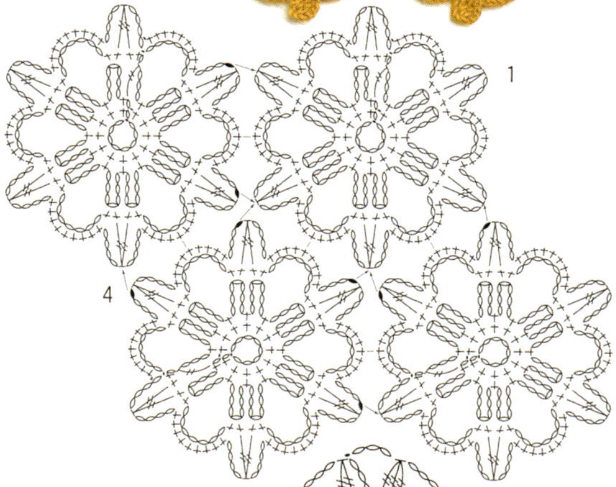

107

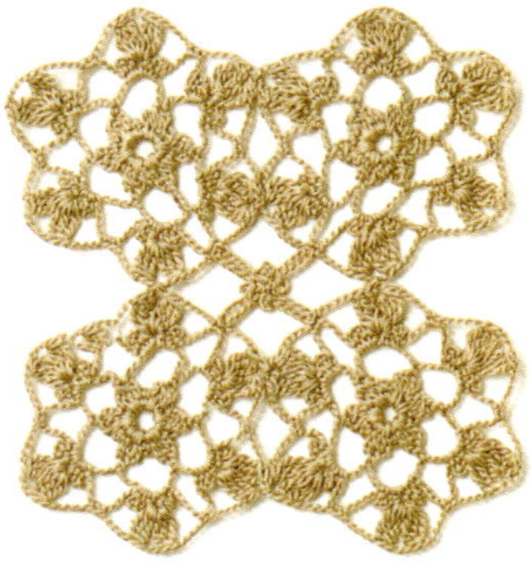

用线：50g、约218m

108

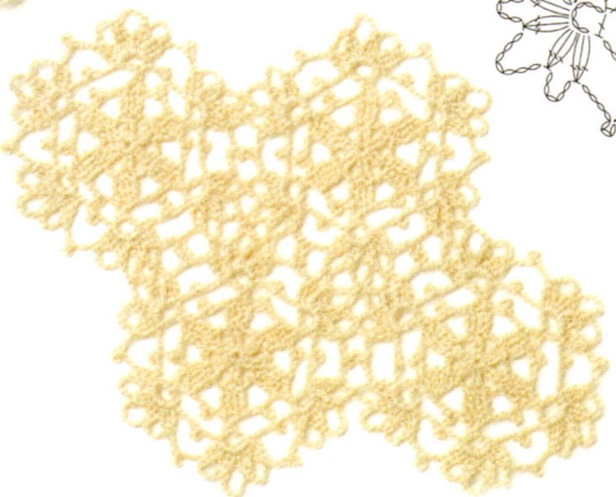

109

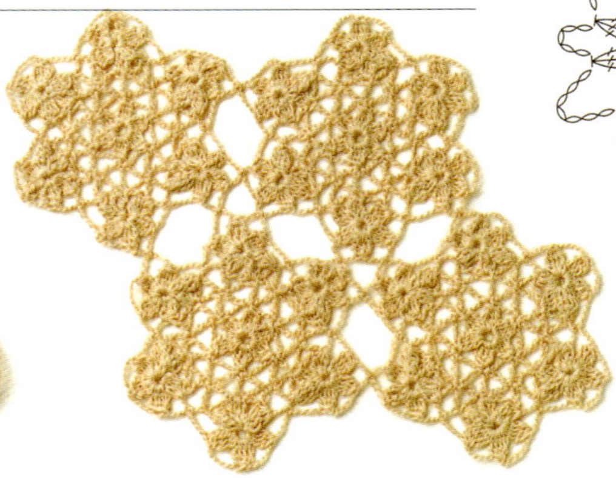

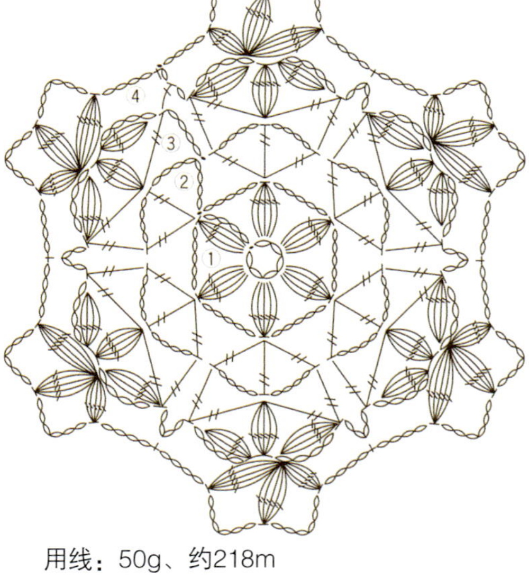

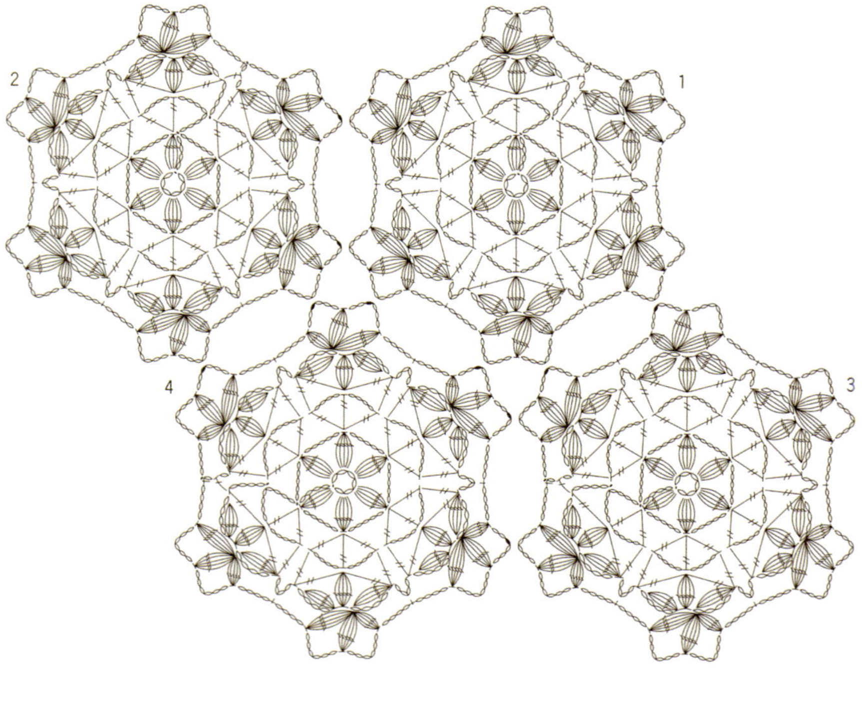

用线：50g、约218m

110

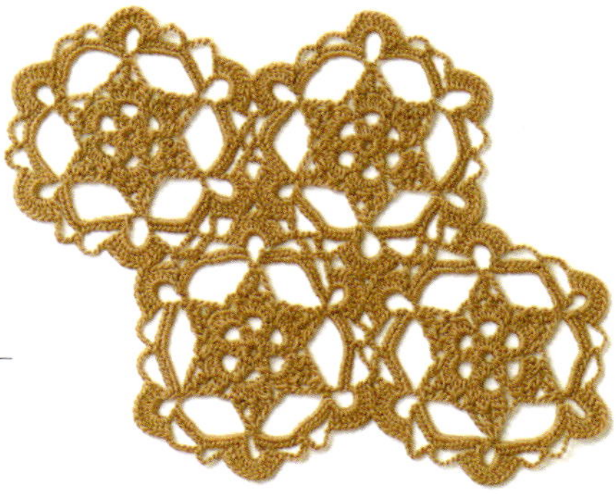

111

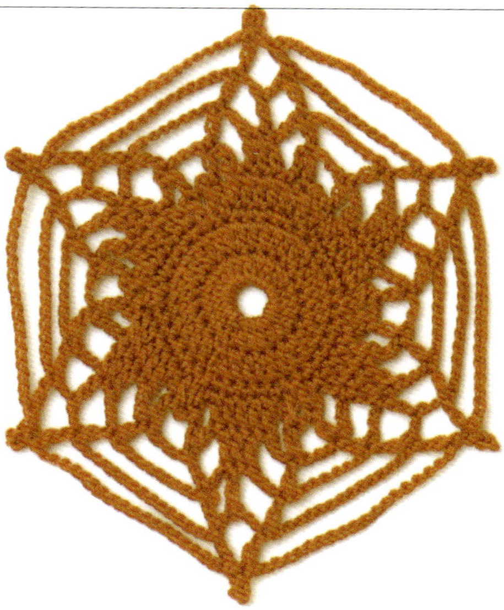

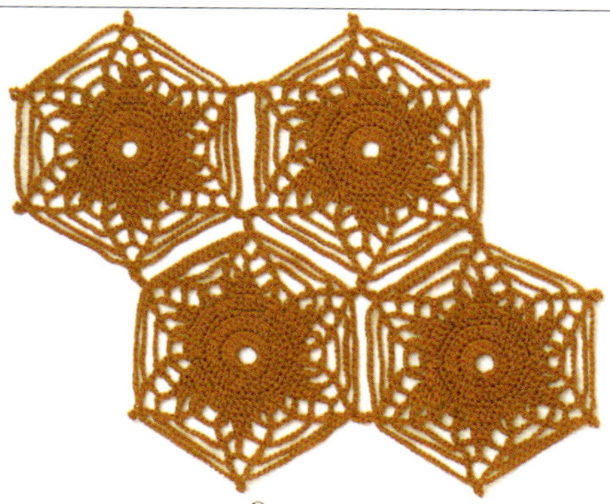

用线：50g、约218m

112

113

用线：50g、约218m

114

115

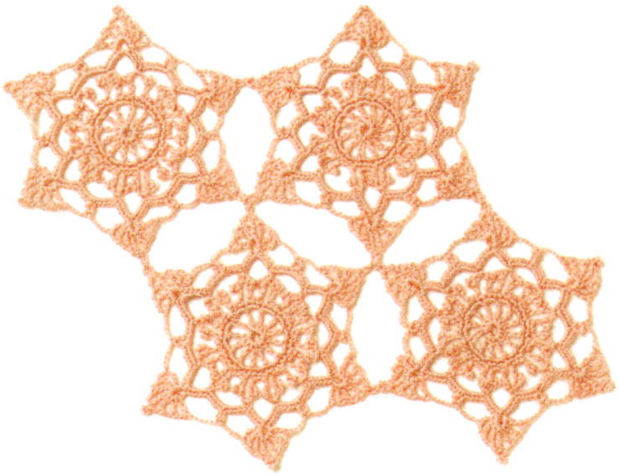

用线：25g、约160m

116

117

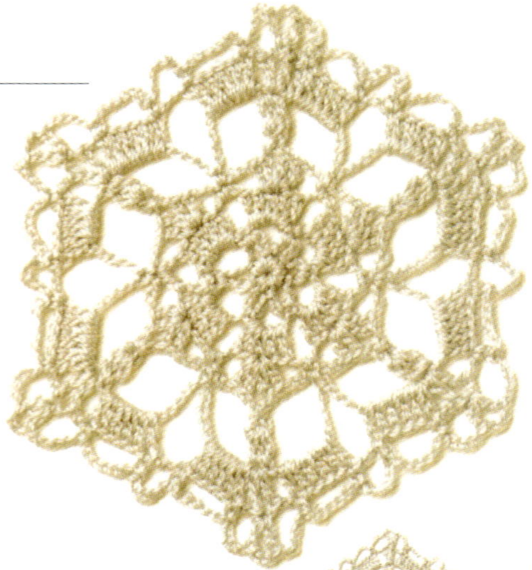

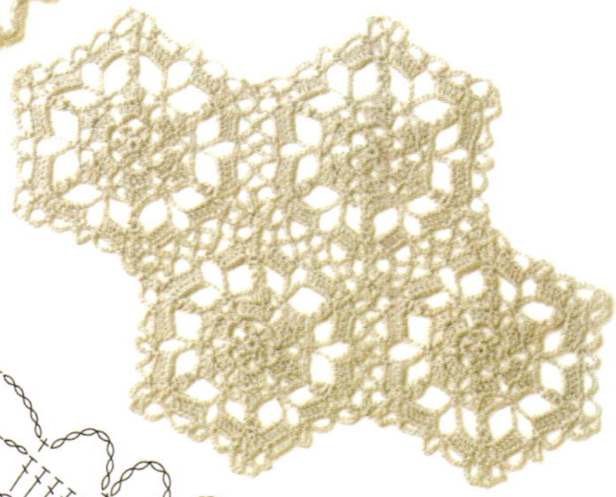

用线：25g、约160m

118

119

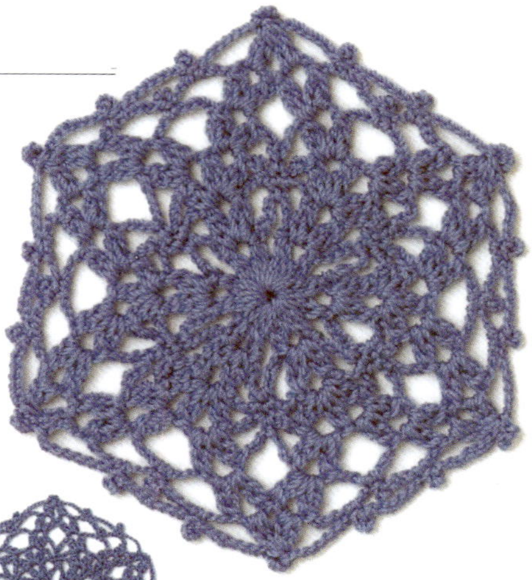

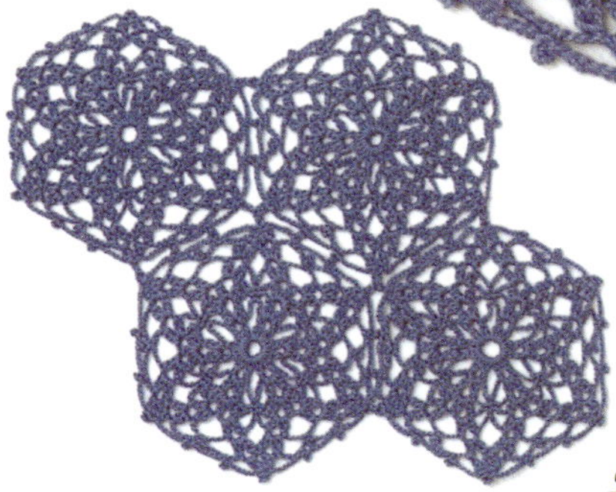

用线：25g、约160m

120

121

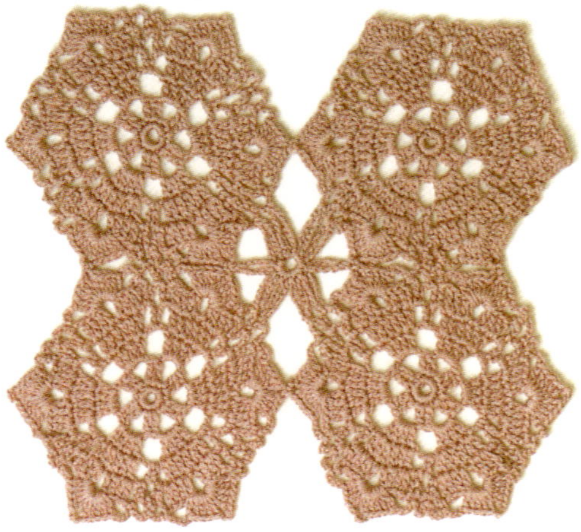

用线：25g、约145m

122

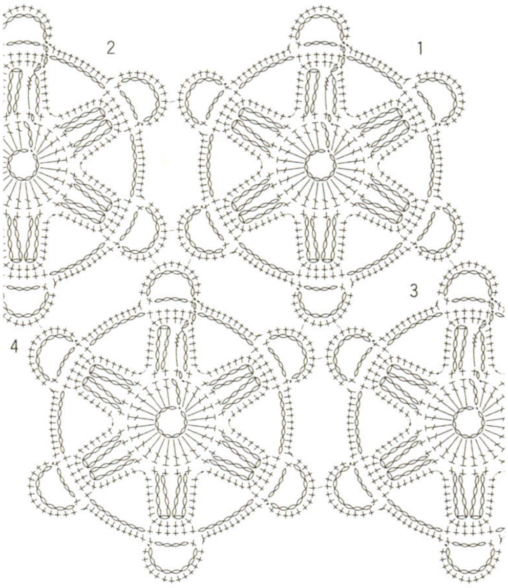

123

用线：25g、约145m

124

125

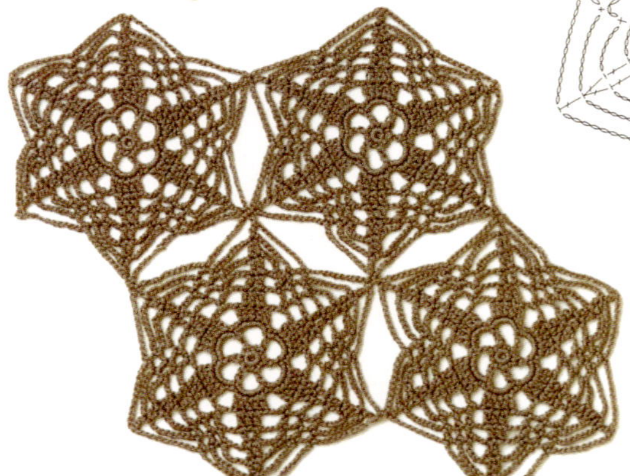

用线：25g、约145m

126

127

128

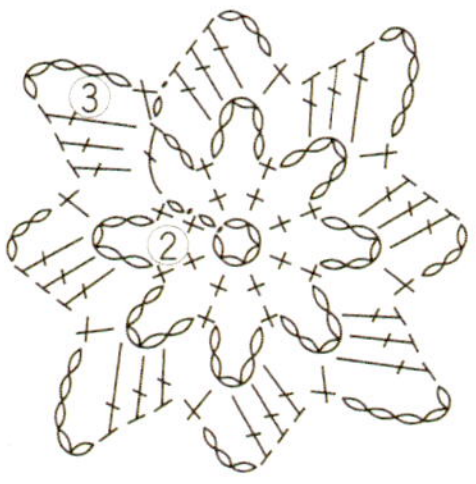

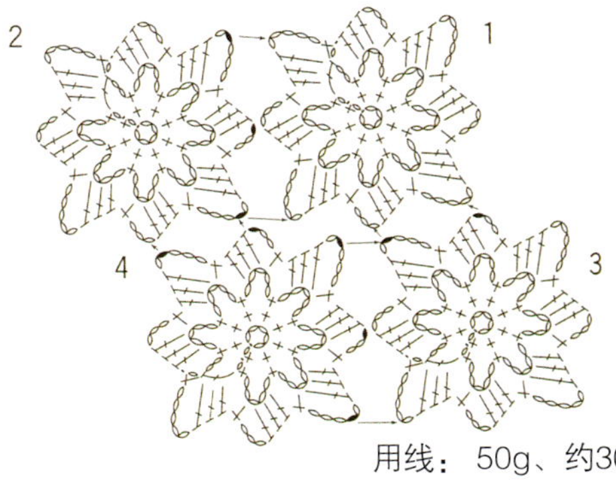

用线： 50g、约300m

129

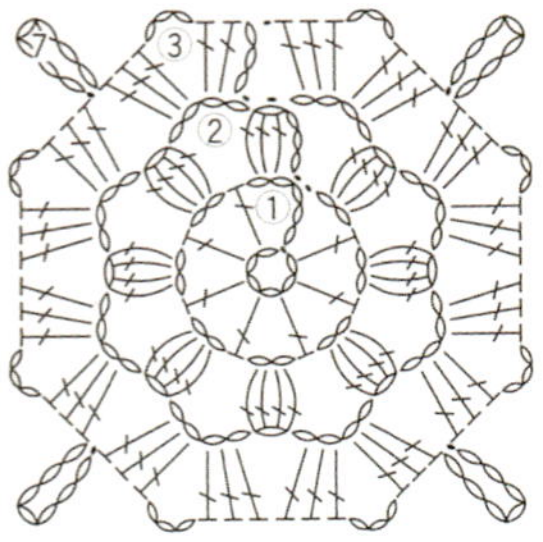

130

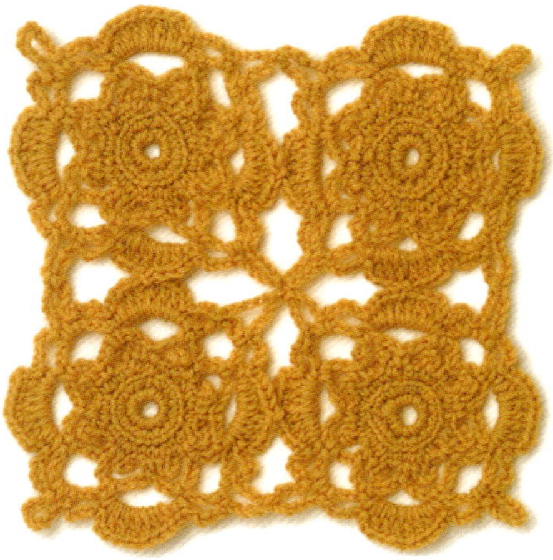

131

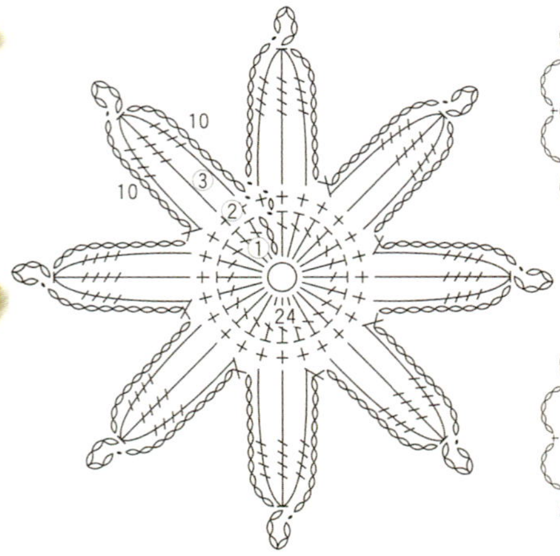

用线：50g、约300m

132

133

134

※132的连接方法参见第56页。

用线：132/40g、约142m，133、134/50g、约300m

135

136

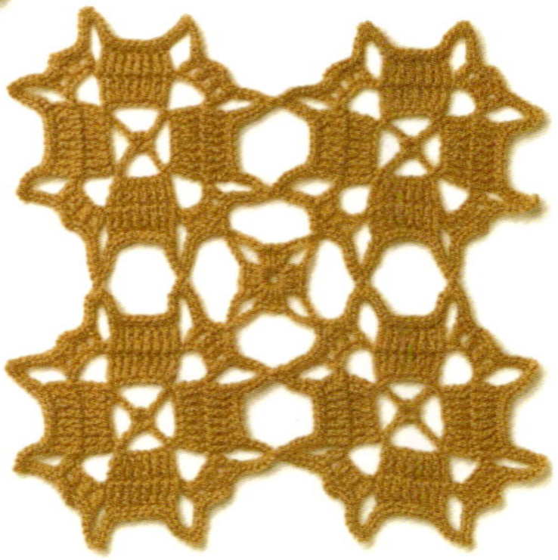

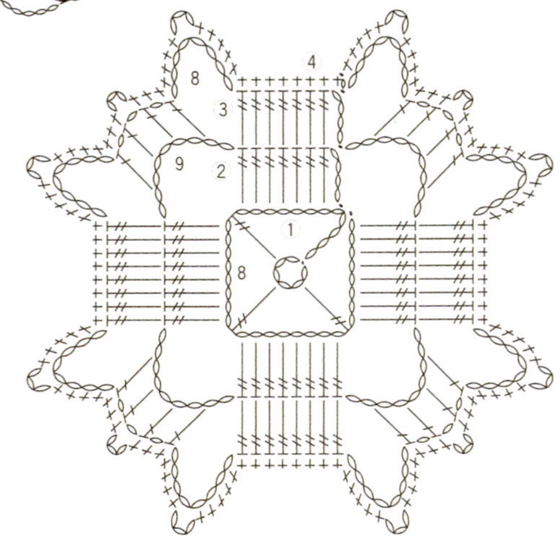

①行的长长针和③行的长针挑锁针的半针和内侧线一起钩织。

137

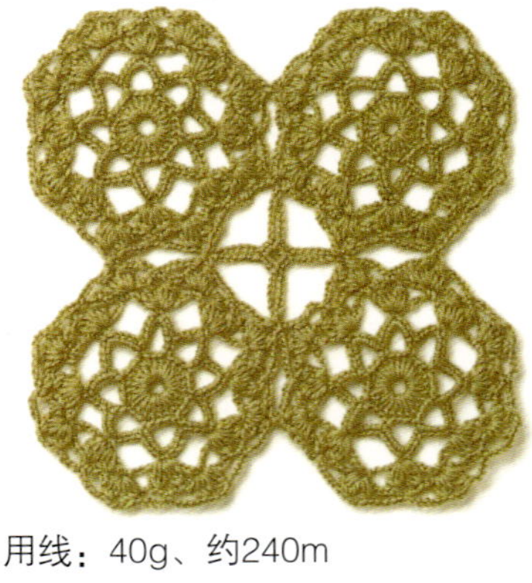

用线：40g、约240m

138

139

用线：40g、约240m

八角形花片……单色

140

141

用线：40g、约240m

142

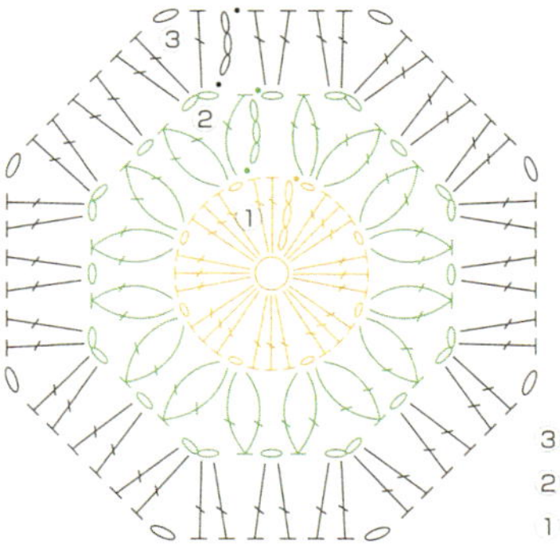

3 浅棕色
2 草绿色
1 黄色

半卷针缝连接

143

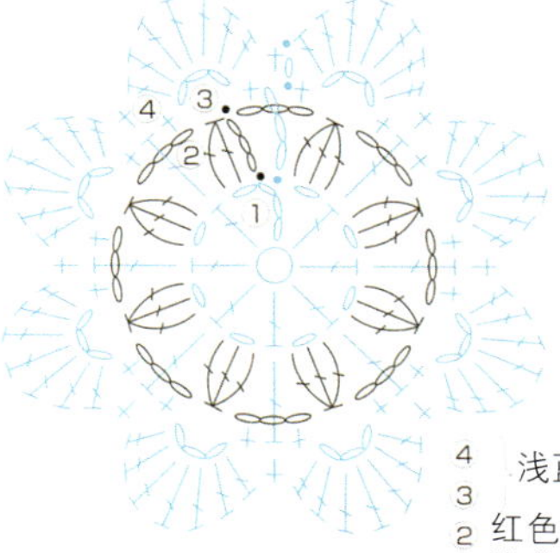

4、3 浅蓝色
2 红色
1 浅蓝色

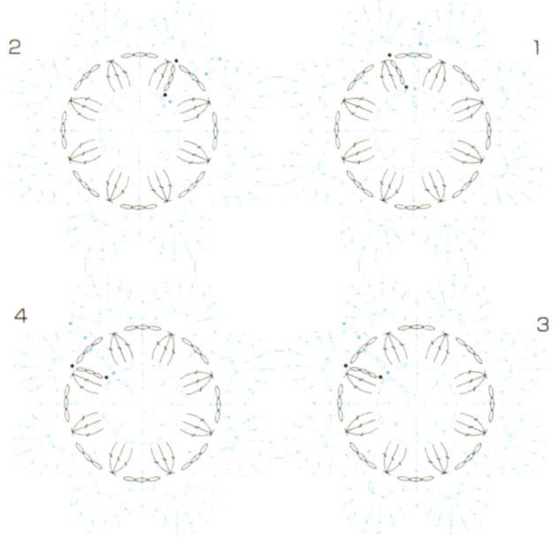

144

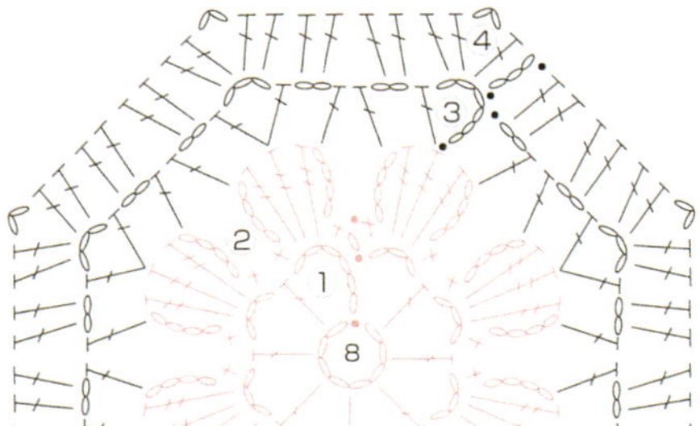

4、3 紫红色
2、1 粉红色

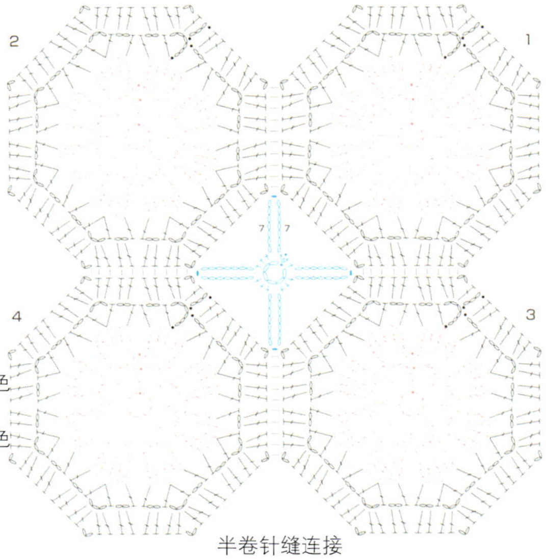

半卷针缝连接

用线：50g、约150m

八角形花片……配色

145

4 亮蓝色
3
2 灰紫色
1 芥黄色

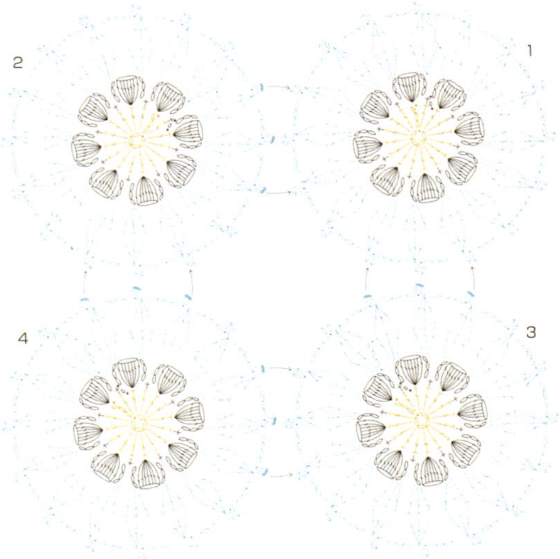

146

8
7 } 白色
6
~
1 } 白色

147

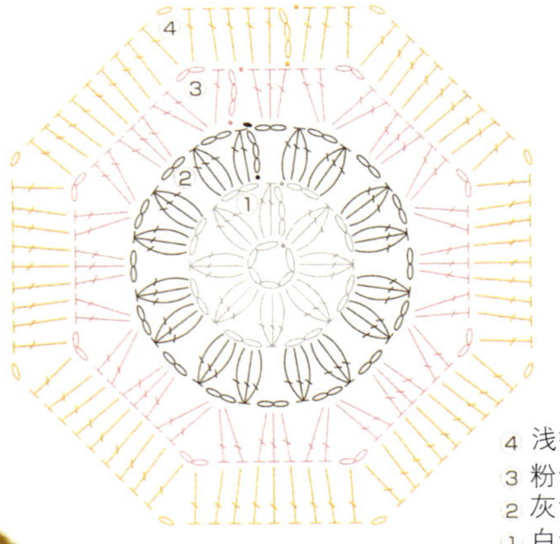

4 浅褐色
3 粉色
2 灰色
1 白色

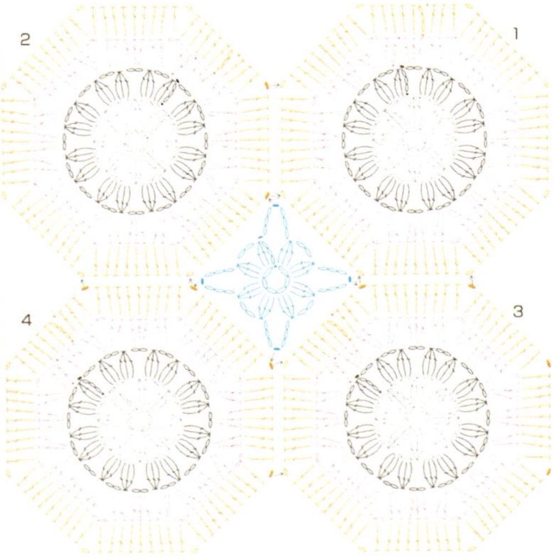

用线：40g、约215m

148

4 绿紫色
3 灰紫色
2
1 } 乳白色

149

4
3 } 茶色
2
1 } 绿紫色

用线：40g、约215m

150

151

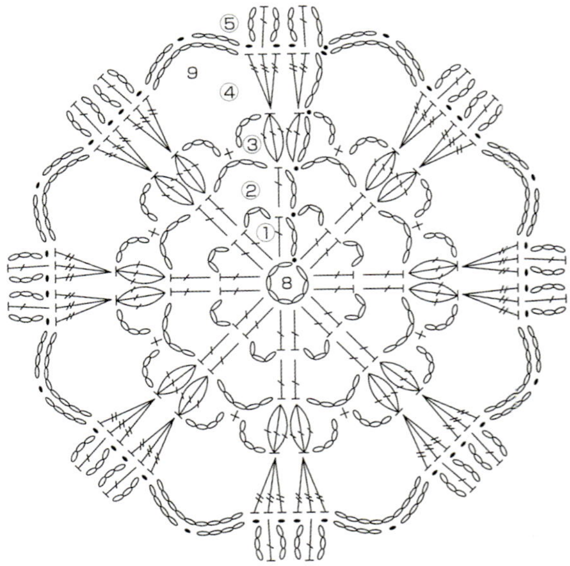

用线：50g、约218m

152

153

用线：50g、约218m

154

155

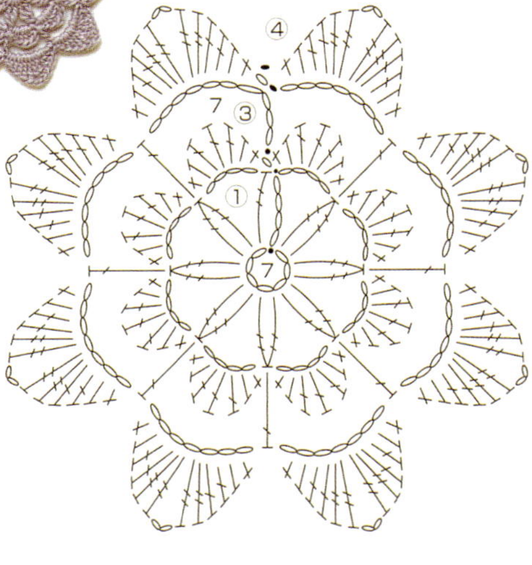

用线：50g、约218m

156

157

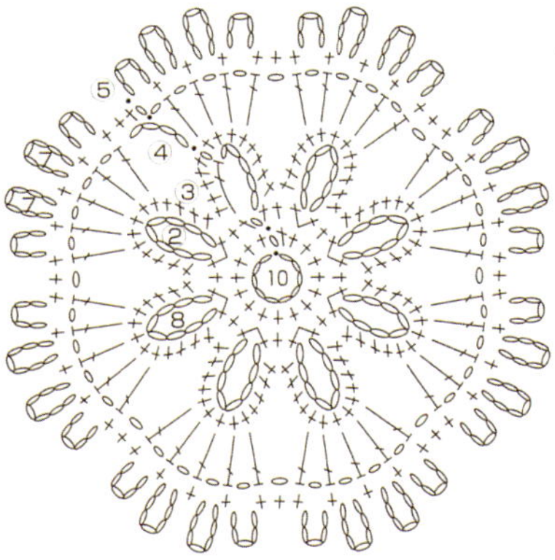

158

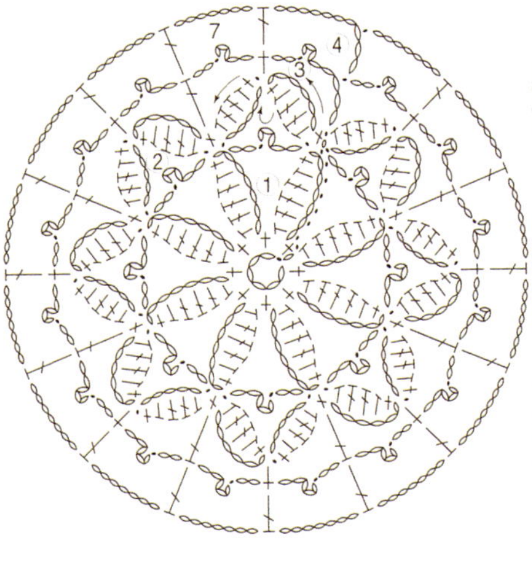

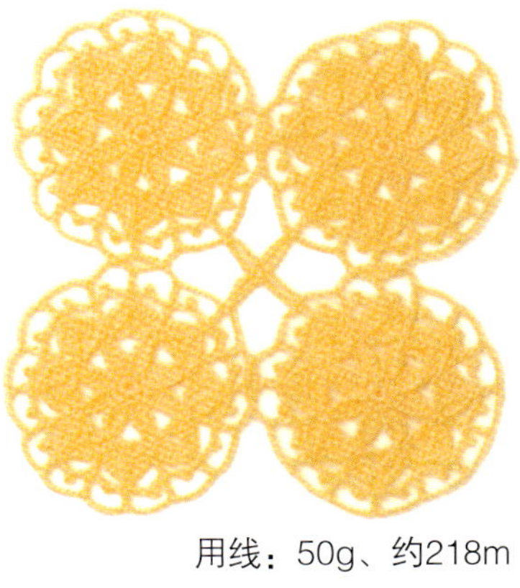

用线：50g、约218m

159

160

161

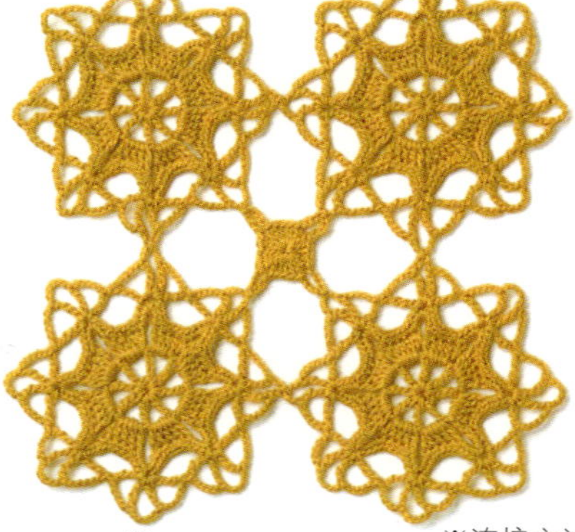

用线：50g、约218m

※连接方法见69页。

162

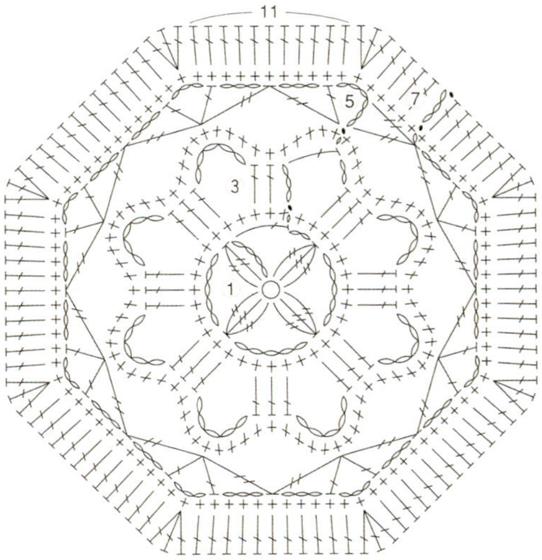

163

161

用线：25g、约150m

八角形花片……花式边

164

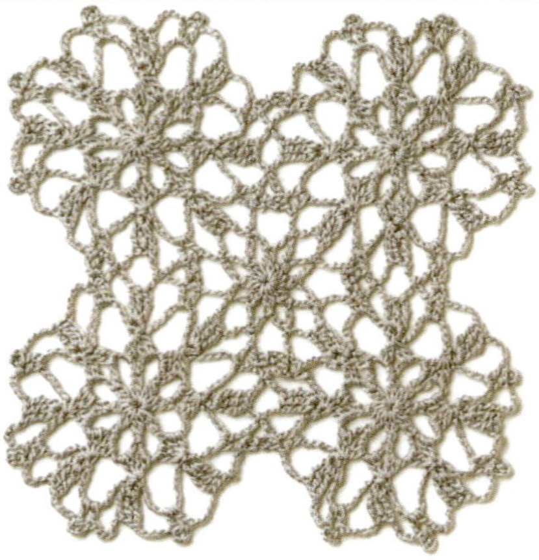

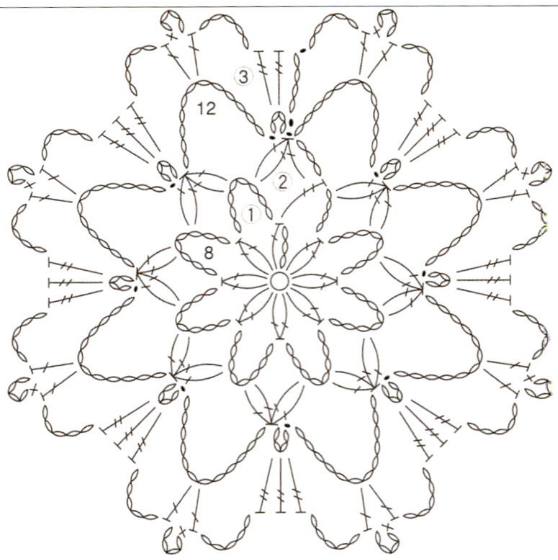

165

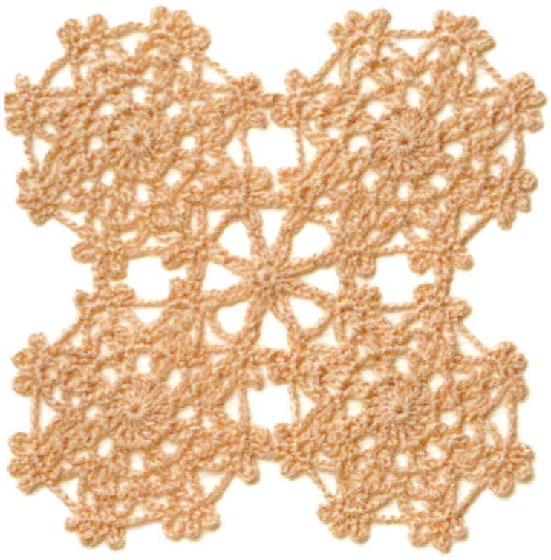

用线：25g、约250m

169

166

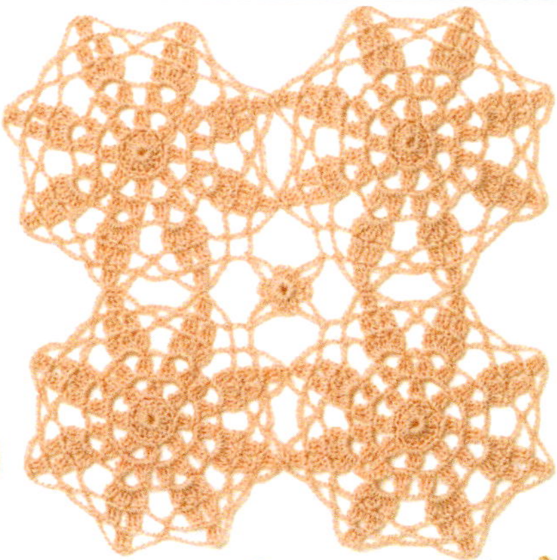

167

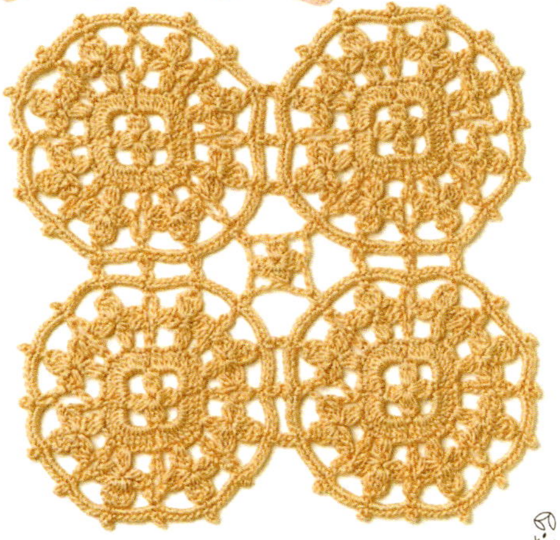

用线：166/25g、约160m，167/25g、约150m

168

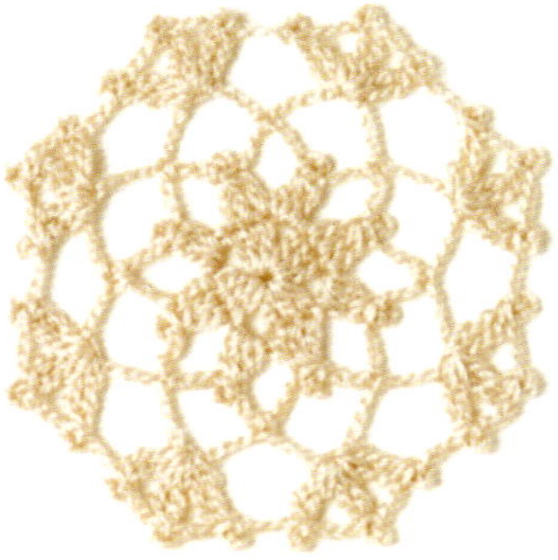

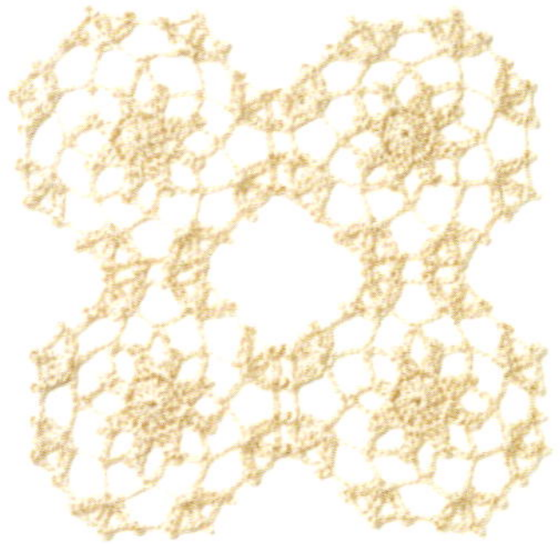

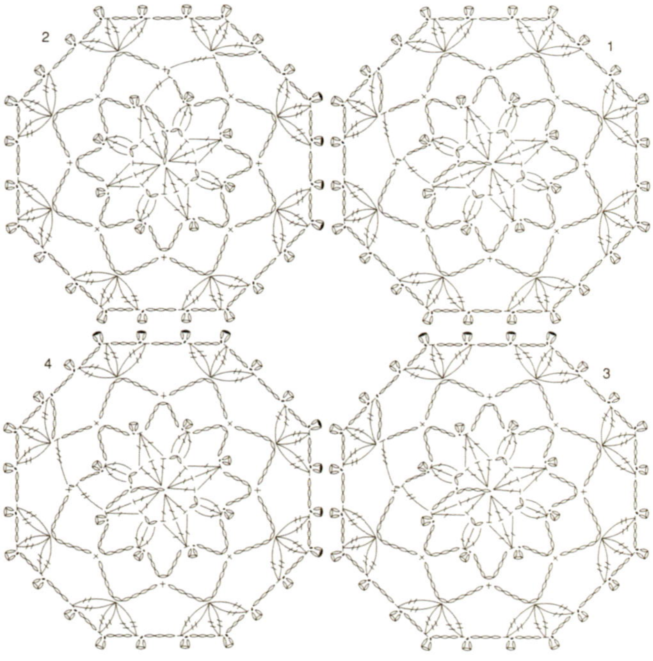

169

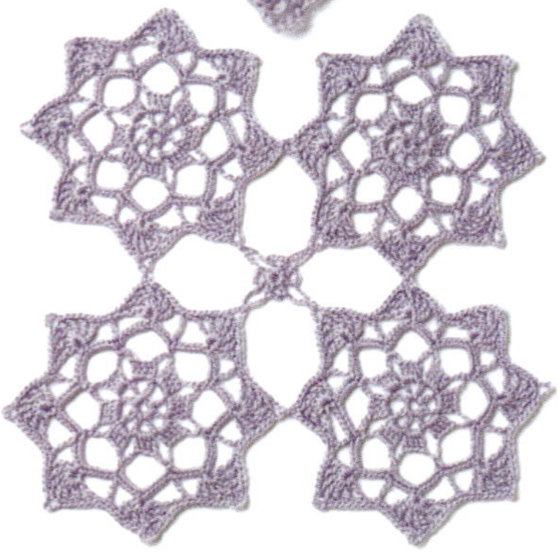

※连接方法见70页。

170

用线：25g、约160m

171

172

用线：171/25g、约150m，172/25g、约160m

＊ 网状花的收针方法

1

最后一行的锁针少钩1针，换缝针带线穿过前一行短针的顶部。

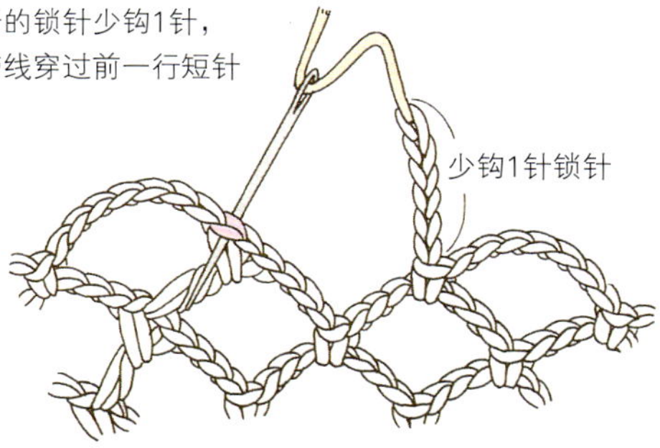

2

将线穿回钩的最后1针。

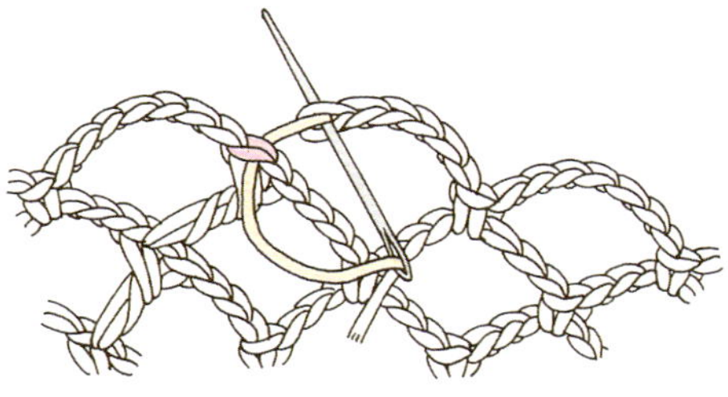

3

在锁针内侧的穿绕2~3针结束。

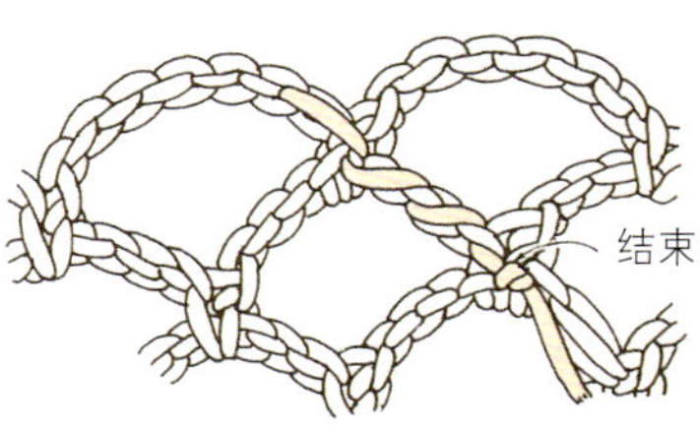

173

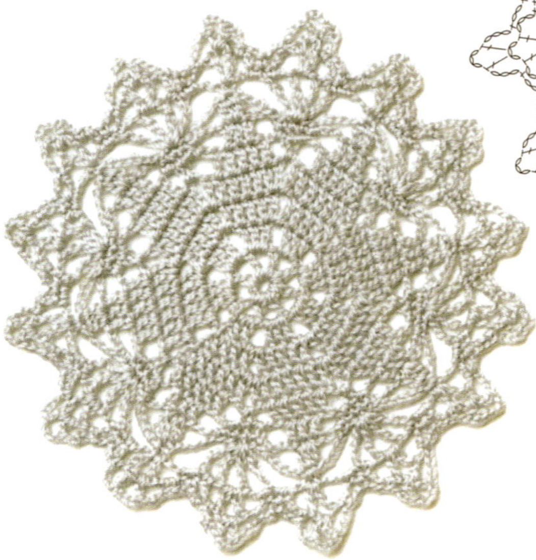

174

用线：25g、约160m

175

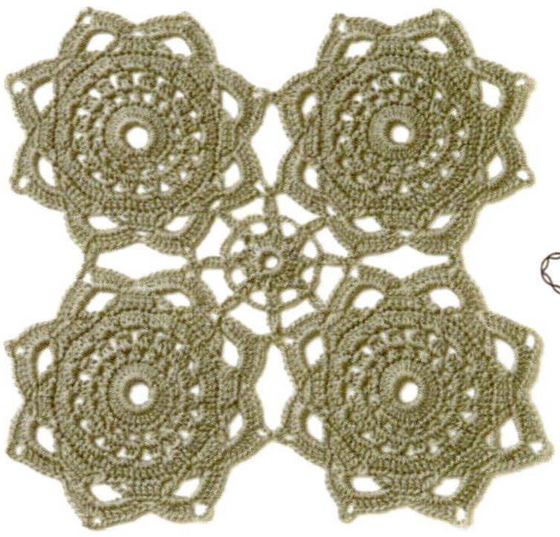

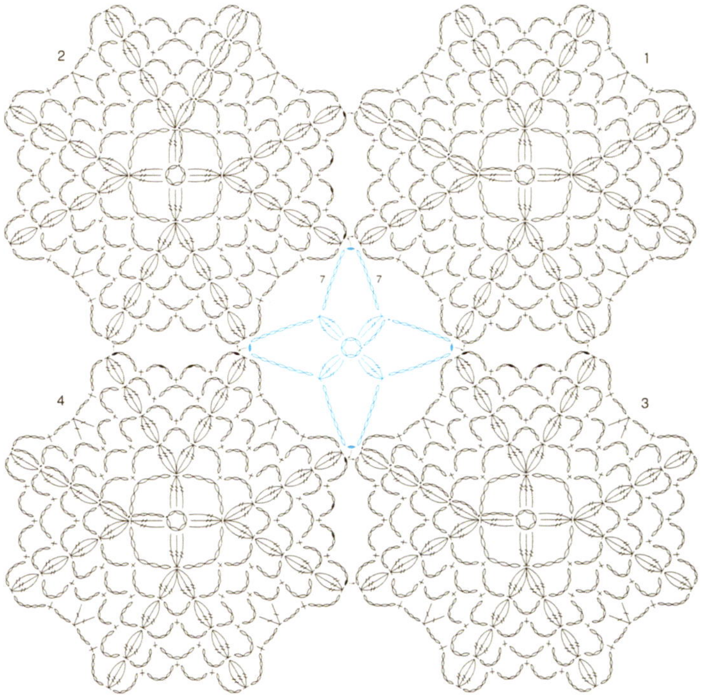

176

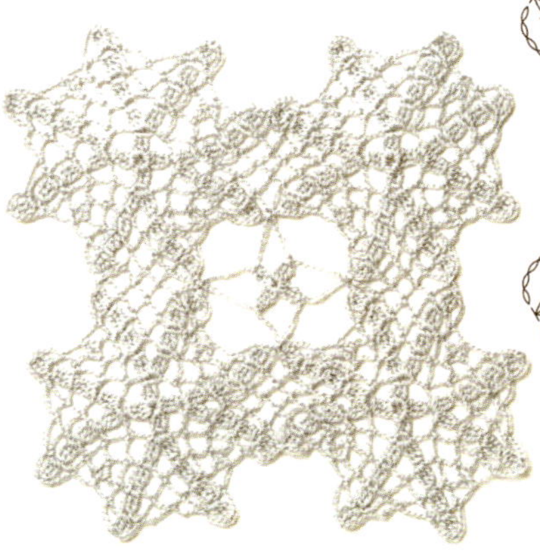

用线：25g、约160m

177

178

179

用线：177、179/40g、约150m，178/50g、约205m

180

181

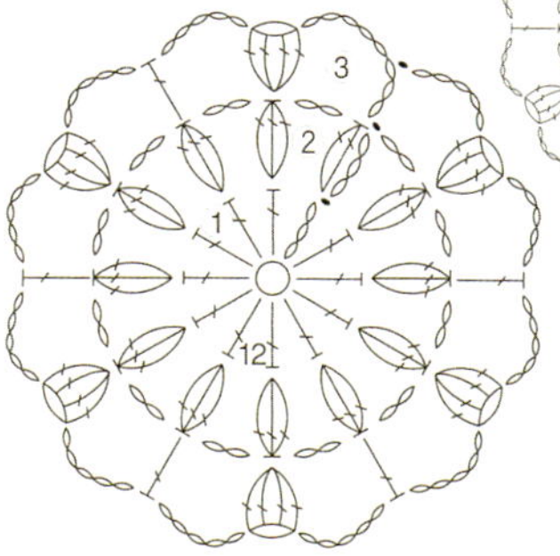

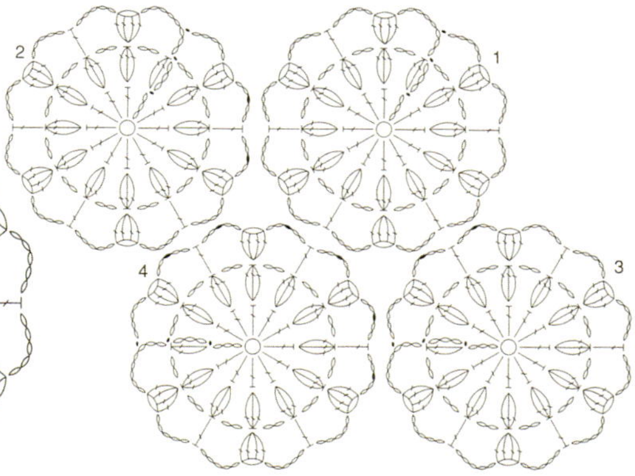

196

用线：40g、约150m

182

183

184

※连接方法见79页。

用线：182、183/50g、约 205m，184/40g、约150m

185

6 5 原色
4 3 灰粉色
2 1 浅紫红

186

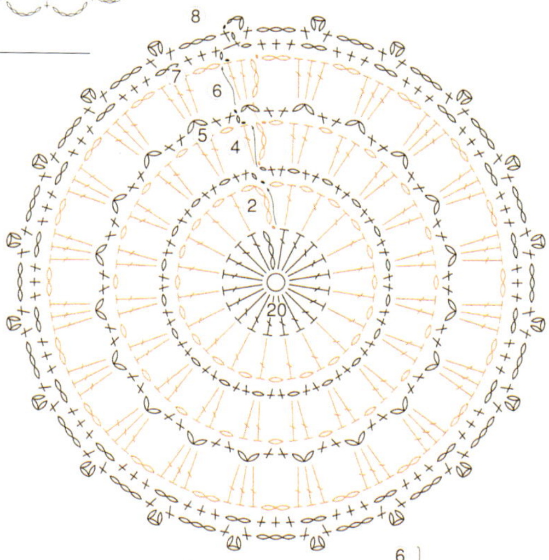

6 4 2 浅褐色
8 7 5 3 1 驼色

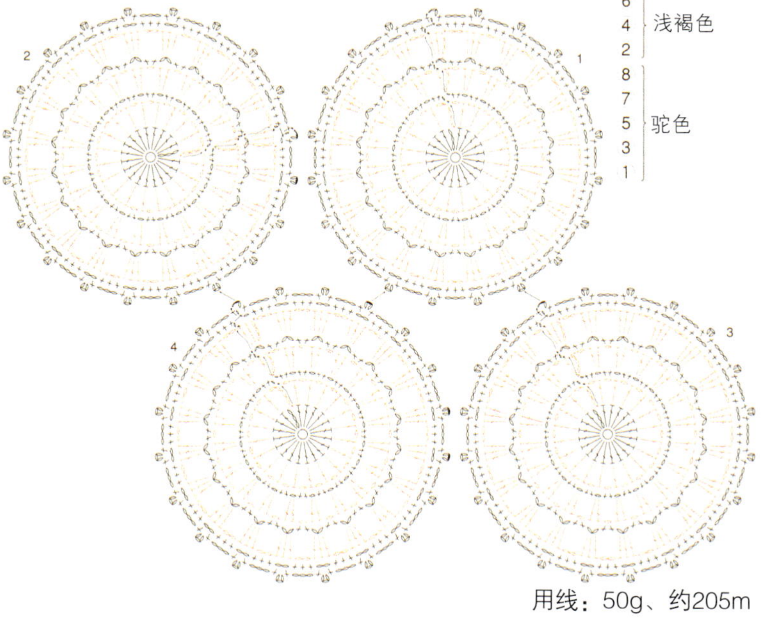

用线：50g、约205m

184

圆形花片……配色

187

⑥⑤ 茶色
④③ 草绿色
②① 米色

188

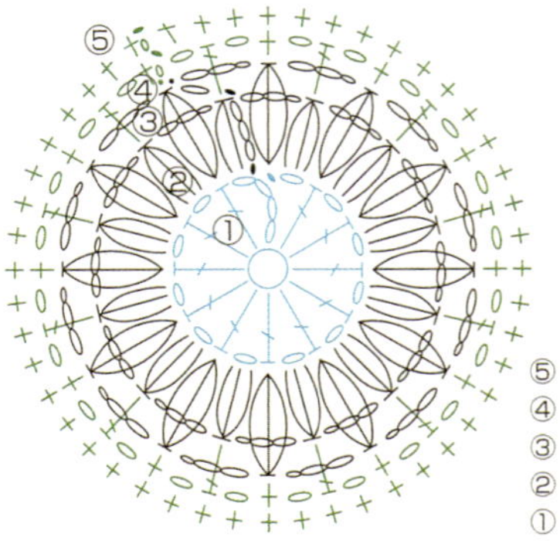

⑤④ 绿色
③② 青灰色
① 浅蓝色

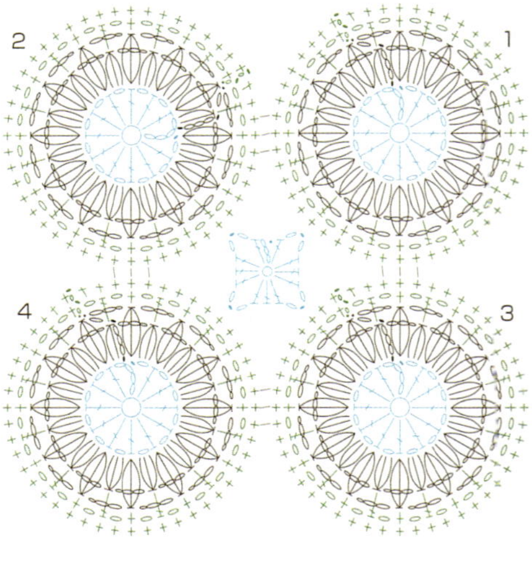

用线：187/50g、约205m　188/40g、约150m

189

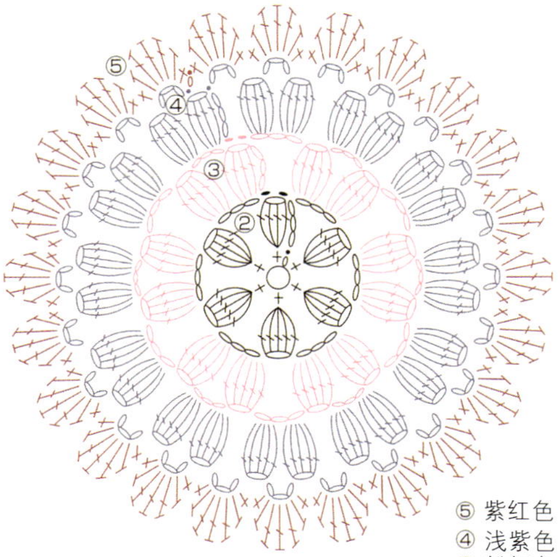

⑤ 紫红色
④ 浅紫色
③ 粉红色
②
① 米色

⑦
⑥ 浅褐色
⑤
④
③
②
① 驼色

190

用线：40g、约150m

191

192

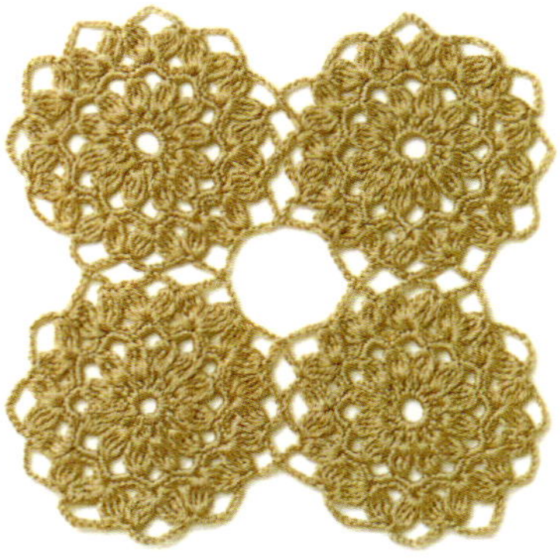

193

用线：25g、约157m

194

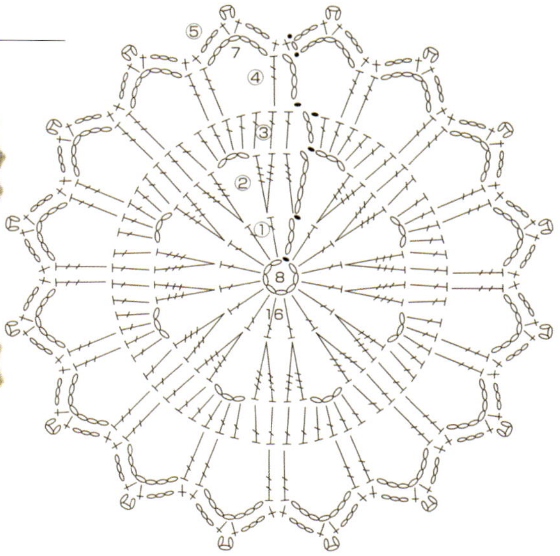

195

196

※连接方法见77页。

用线：25g、约157m

197

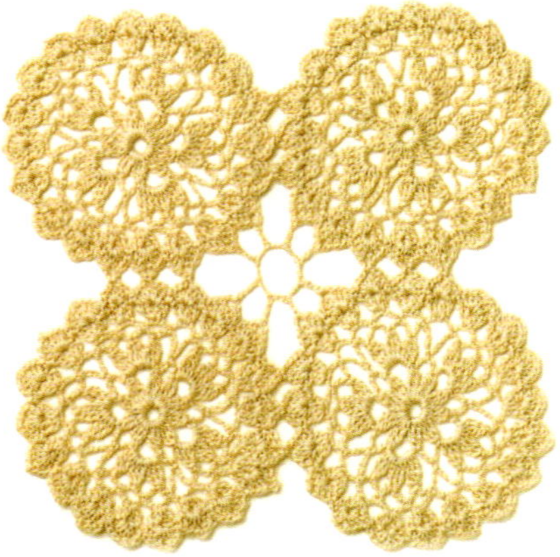

198

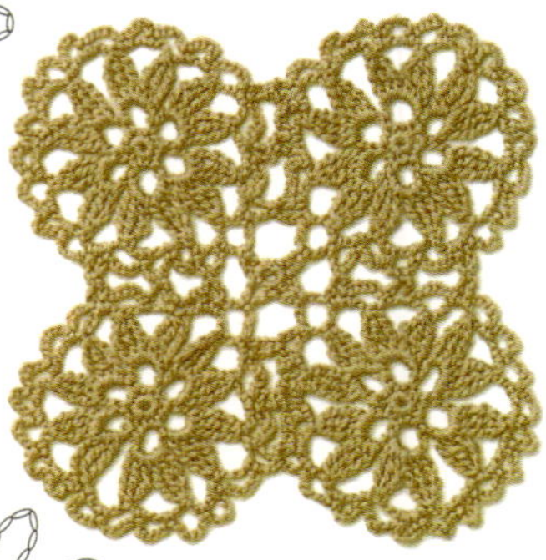

199

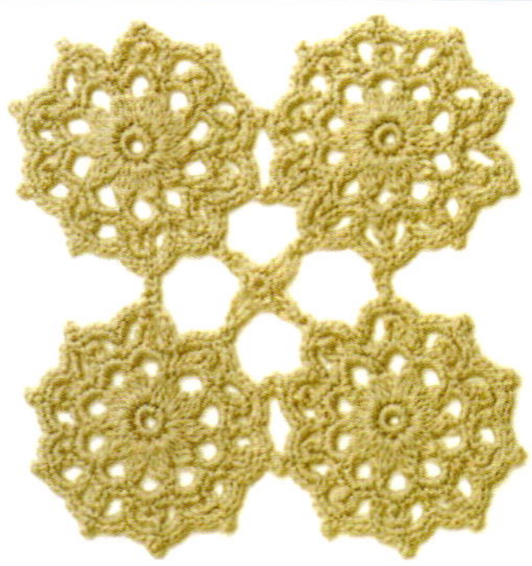

用线：25g、约145m

200

201

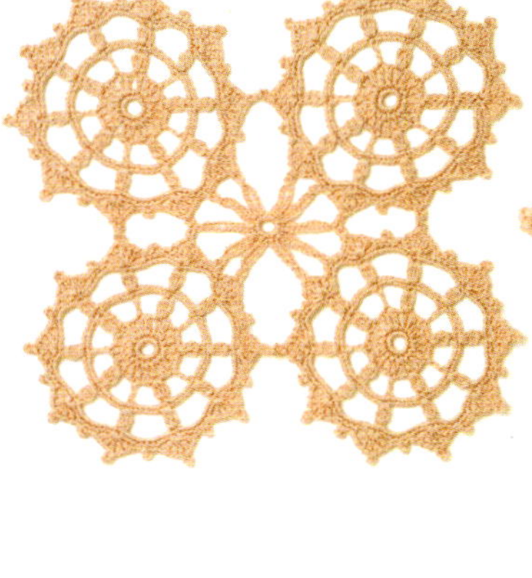

用线：25g、约145m

202

203

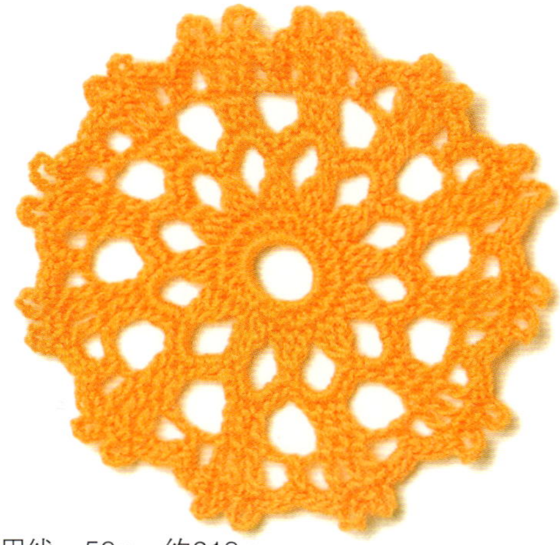

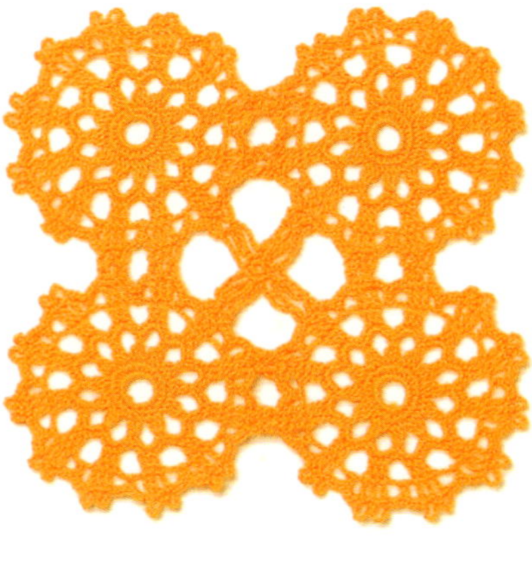

用线：50g、约218m

204

205

用线：50g、约218m

206

207

※连接方法见89页。

用线：50g、约218m

208

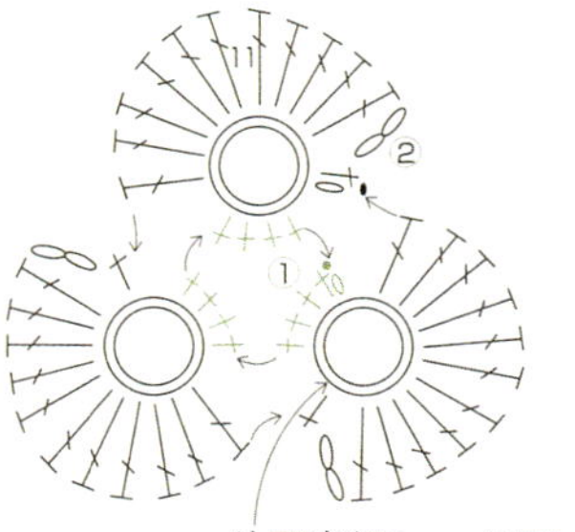

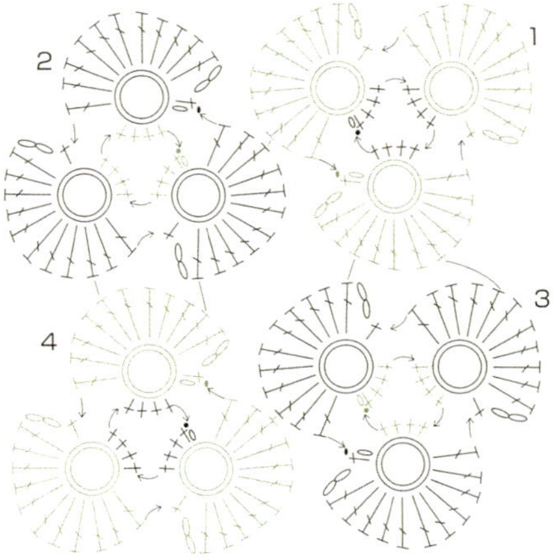

209

207

用线：25g、约100m

210

4 灰粉色
3 2 1 银灰色

先钩环状小花

211

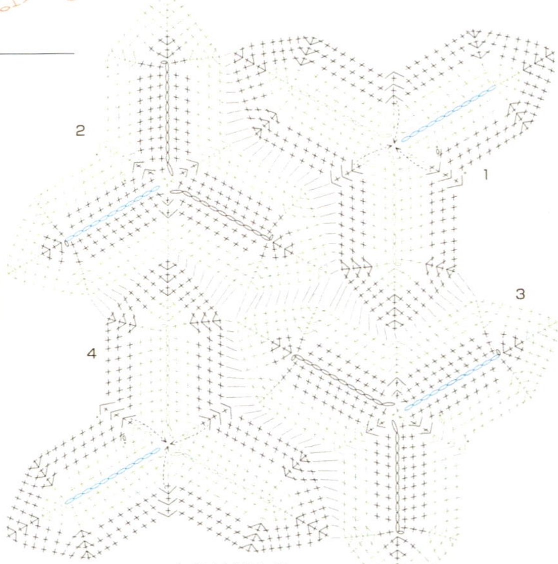

半卷针缝连接

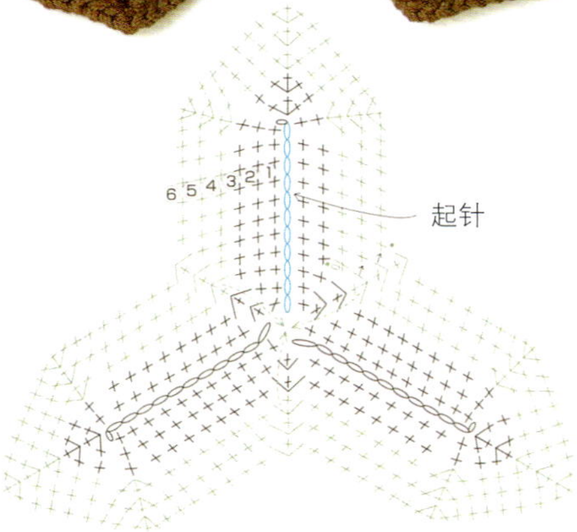

6 5 4 灰褐色（灰绿色）
3 2 1 灰绿色（灰褐色）

212

用线：25g、约100m

半卷针缝连接

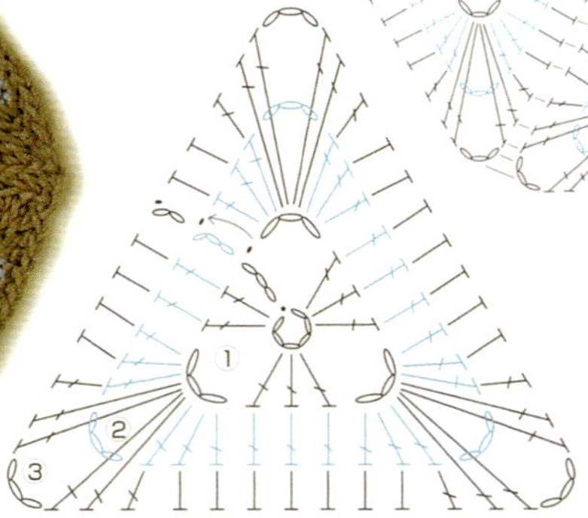

3 褐色
2 浅蓝色
1 褐色

213

214

215

用线：25g、约150m

216

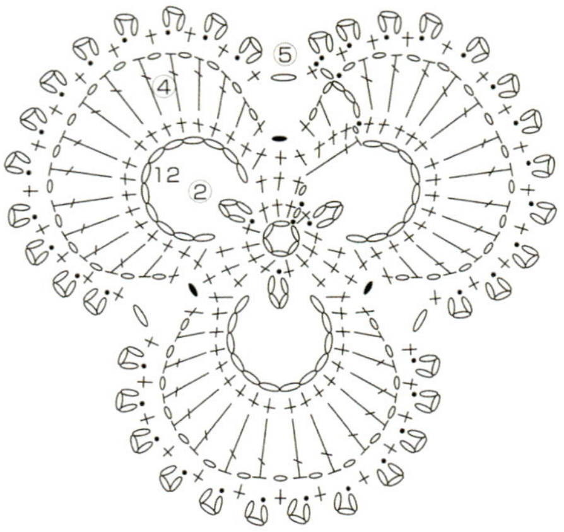

217

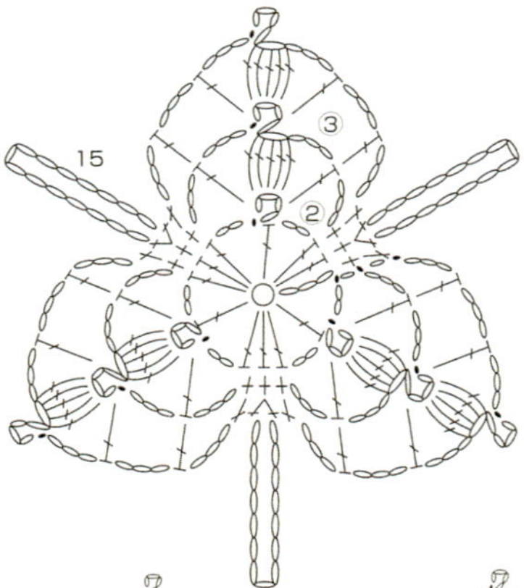

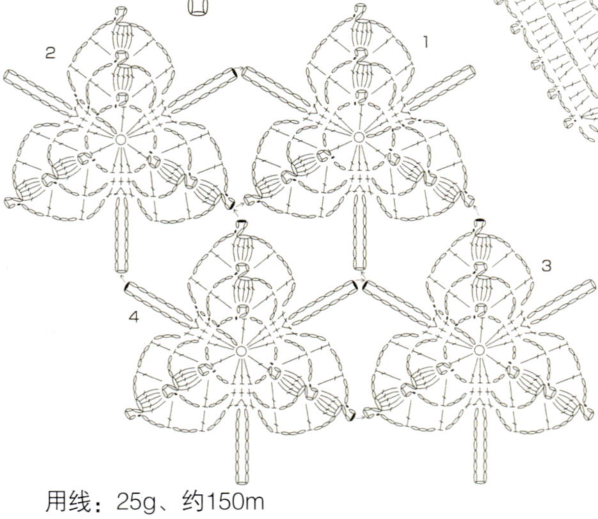

218

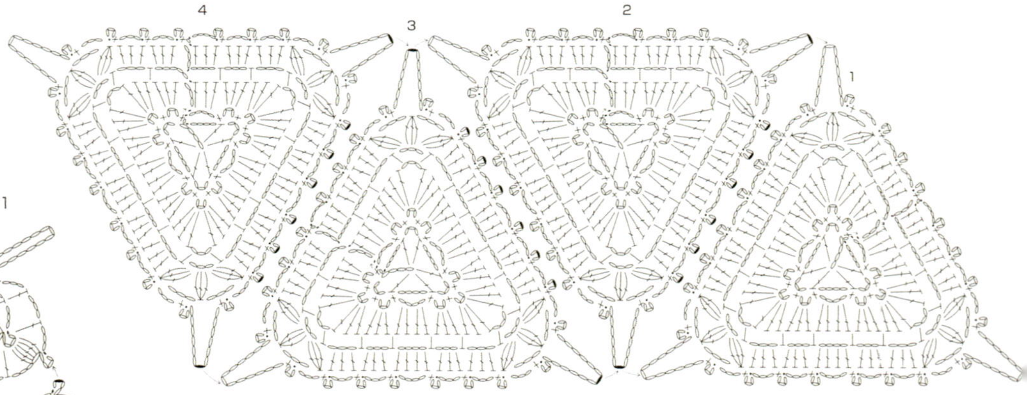

用线：25g、约150m

219

220

221

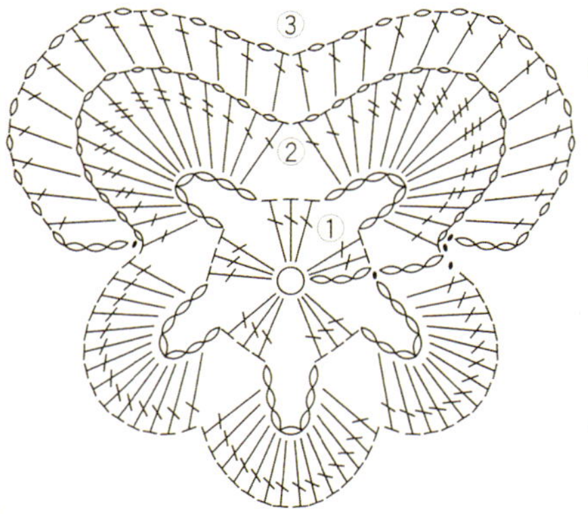

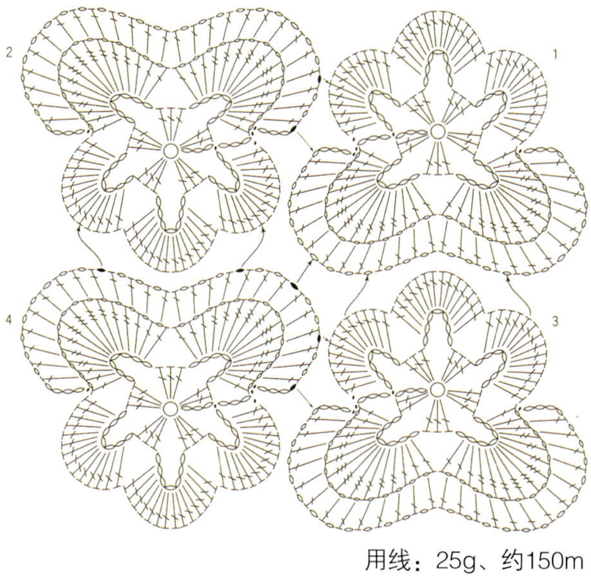

用线：25g、约150m

222

4针1个花样

223

4针1个花样

224

4针1个花样

225

4针1个花样

226

6针1个花样

227

6针1个花样

228

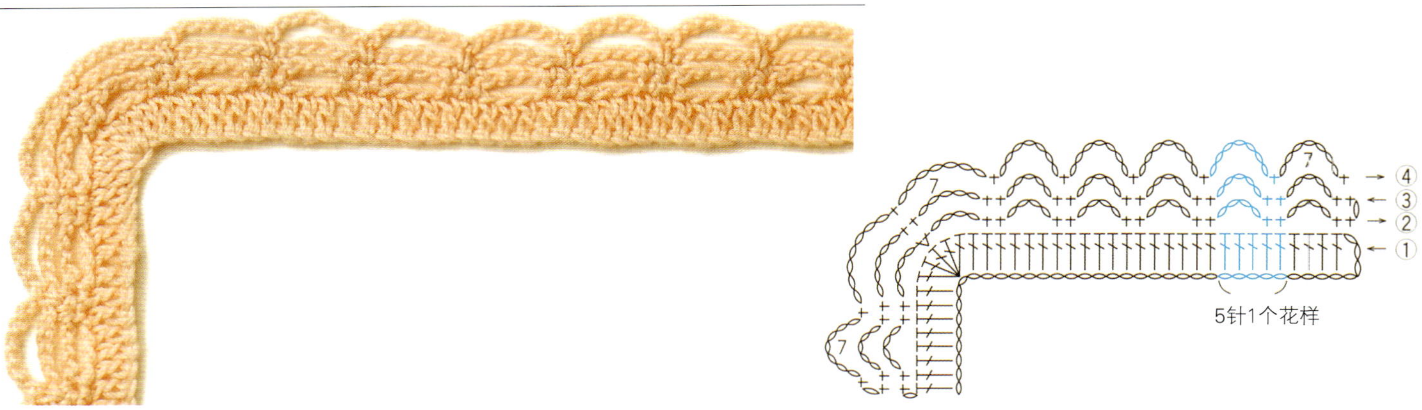

用线：25g、约105m

229

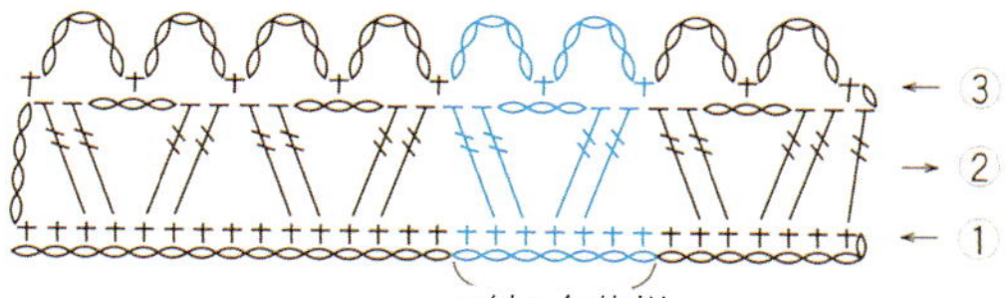

7针1个花样

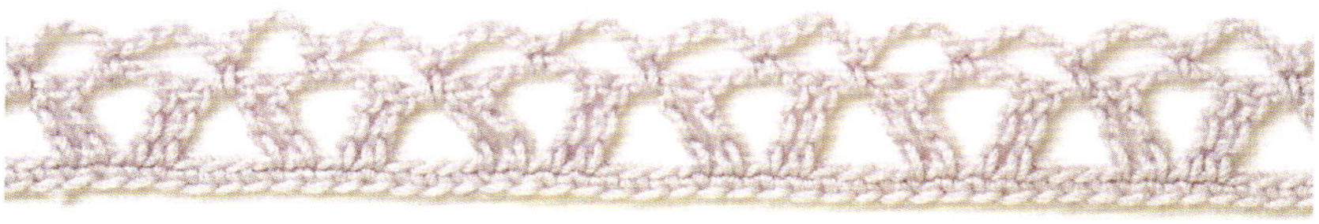

230

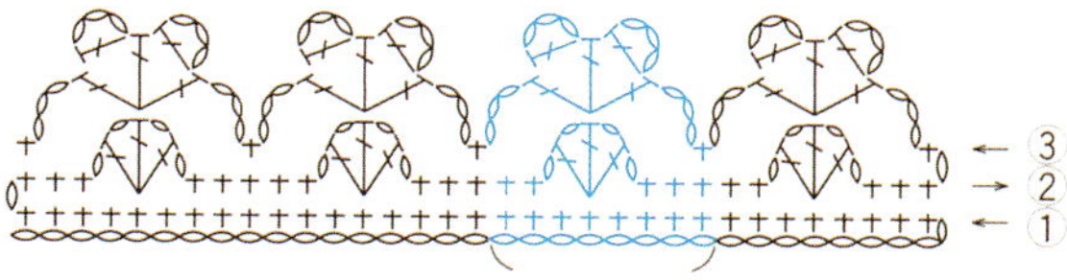

8针1个花样

231

7针1个花样

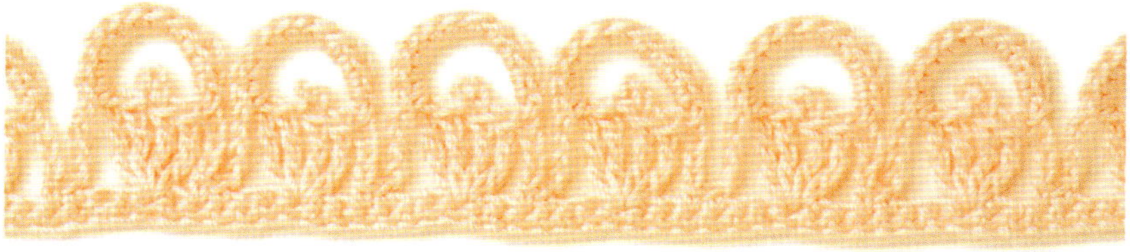

232

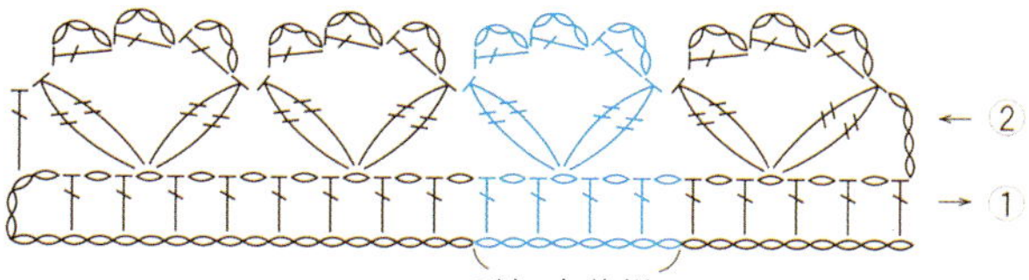

8针1个花样

233

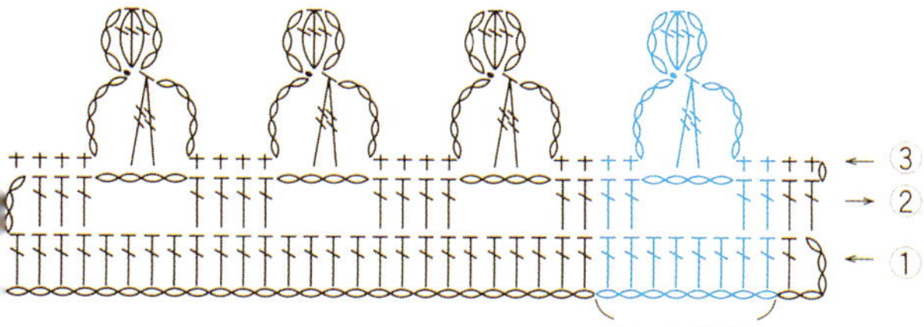

8针1个花样

234

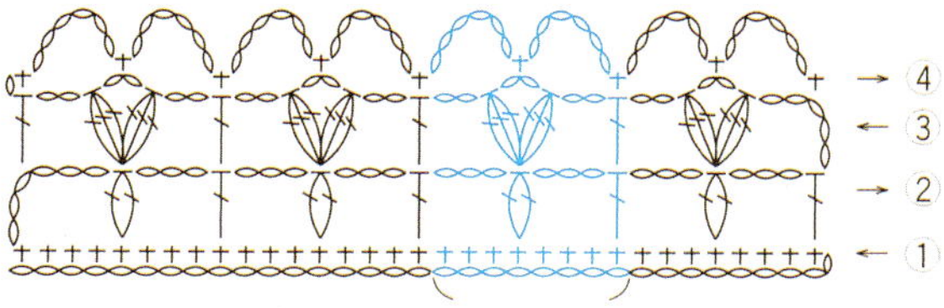

8针1个花样

235

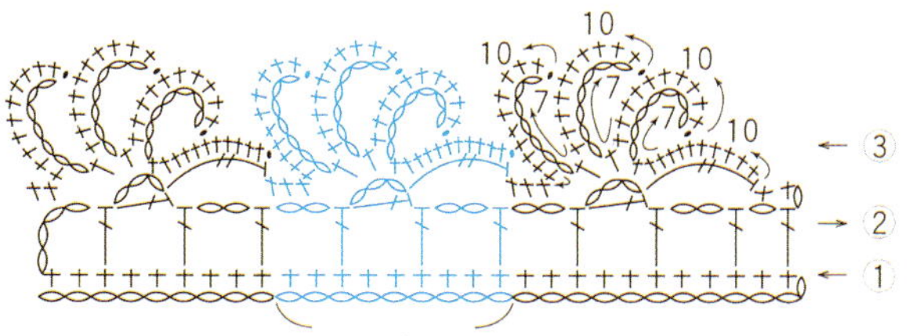

9针1个花样

用线：229、230/25g、约105m，231～235/50g、约218m

236

237

238

239

240

241

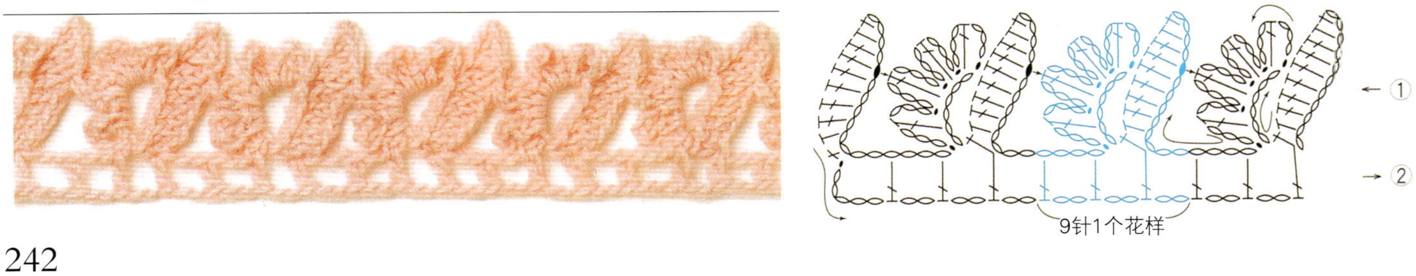

242

用线：236～240/50g、约218m，241、242/40g、约240m

243

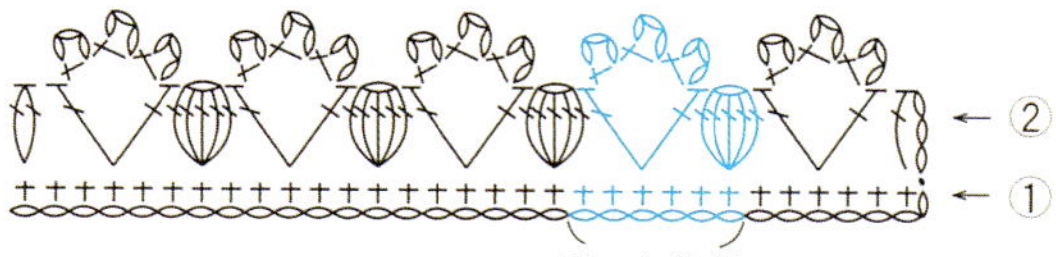

6针1个花样

244

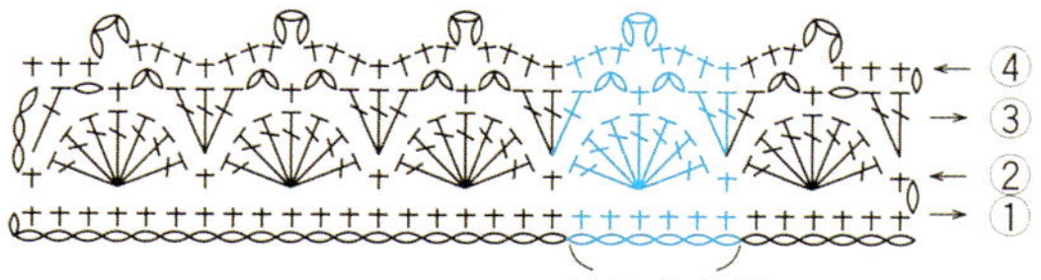

6针1个花样

245

8针1个花样

246

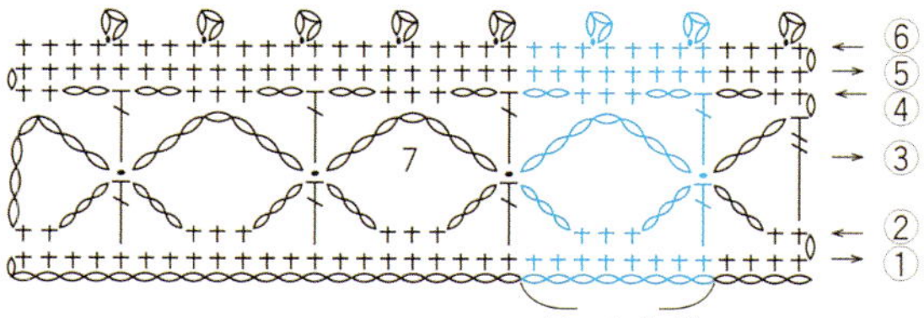

8针1个花样

247

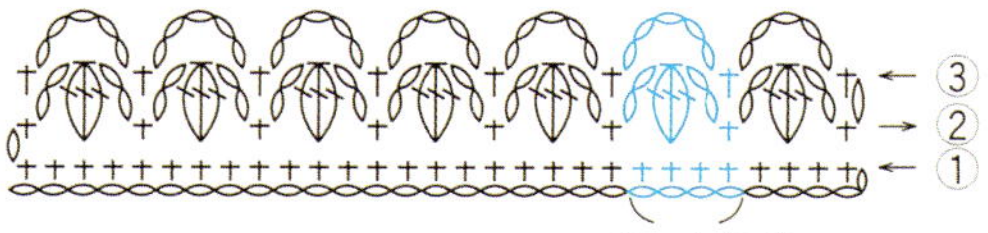

4针1个花样

248

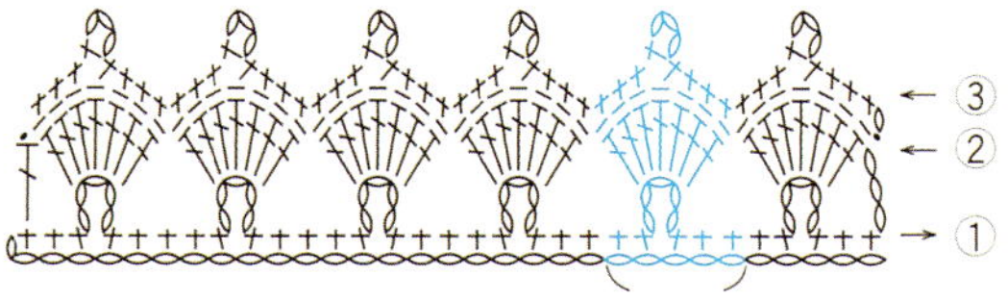

5针1个花样

249

6针1个花样

250

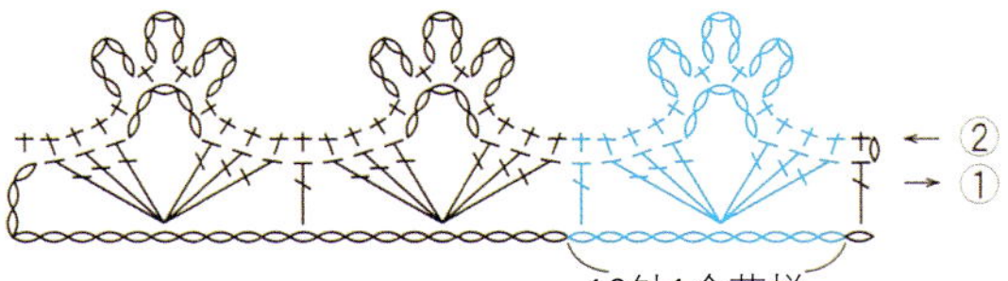

10针1个花样

用线：40g、约240m

251

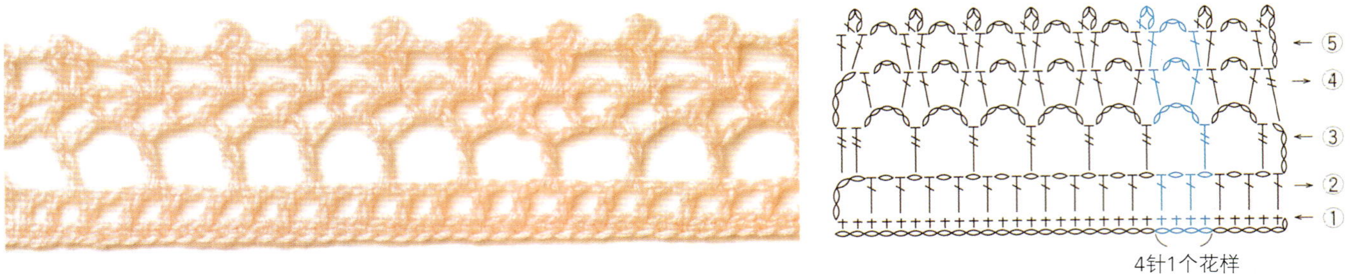

252

253

254

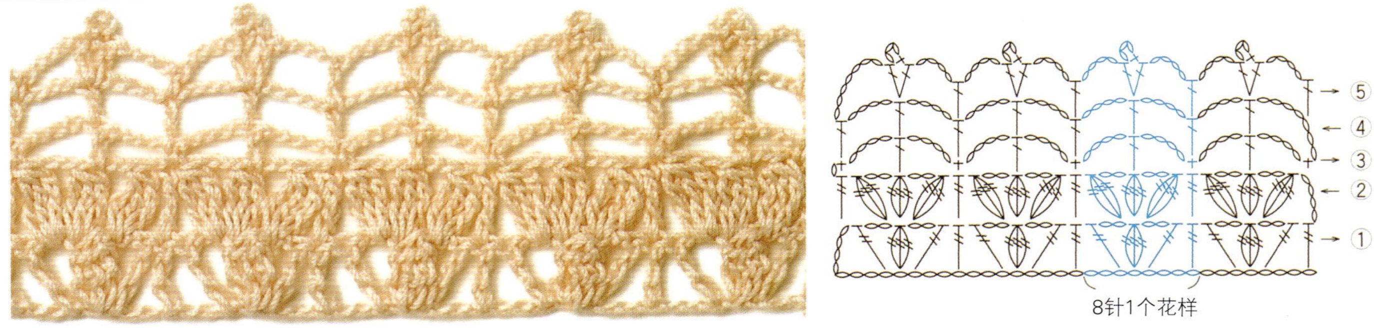

255

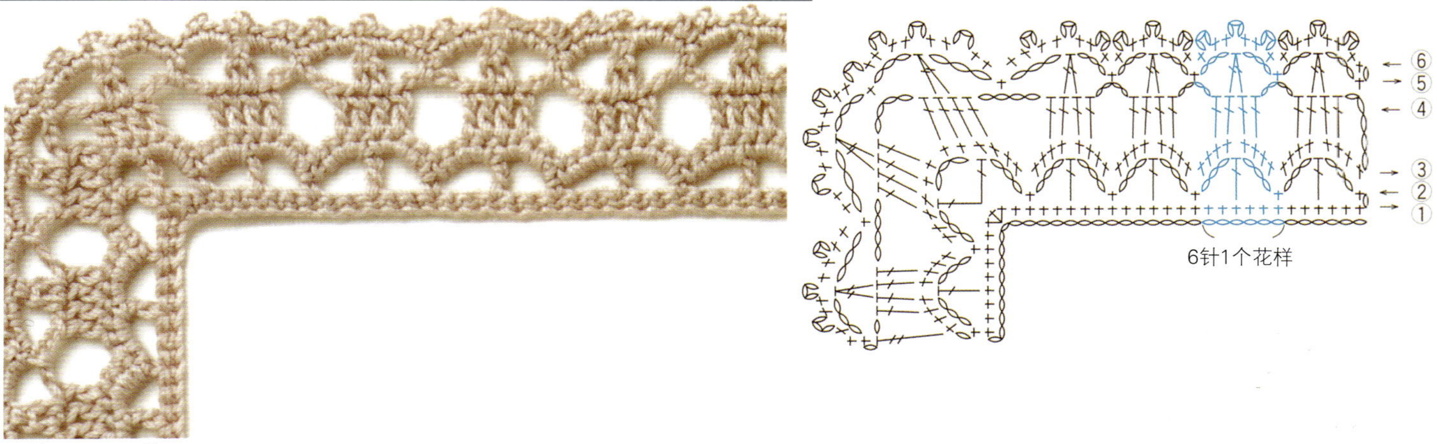

用线：25g、约107m

256

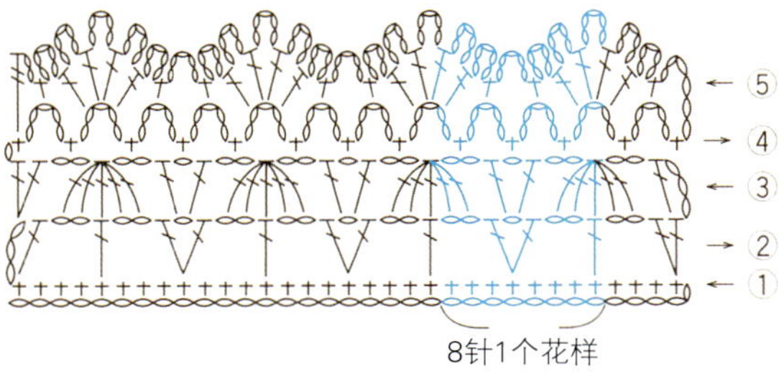

257

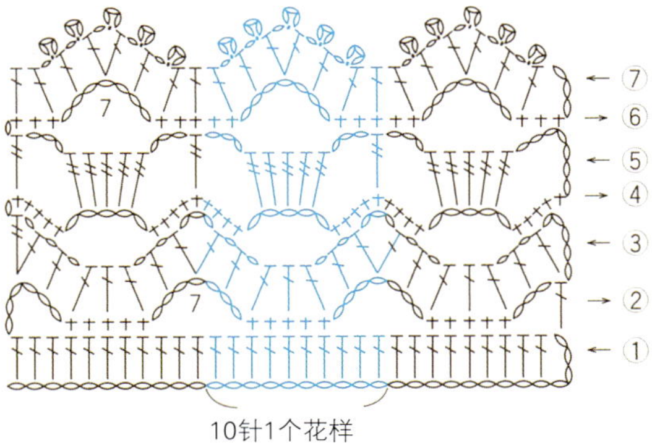

258

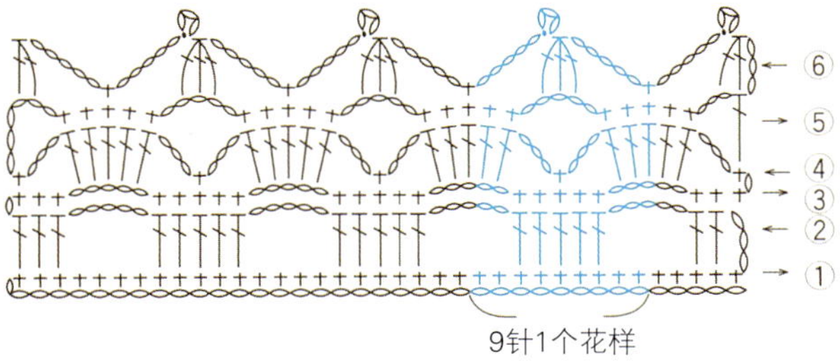

259

用线：25g、约107m

260

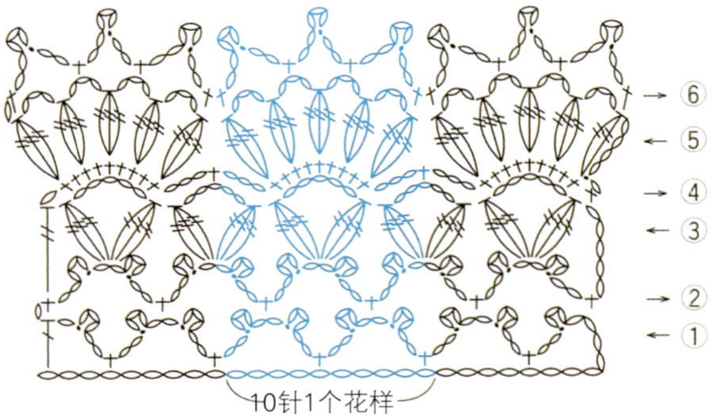

261

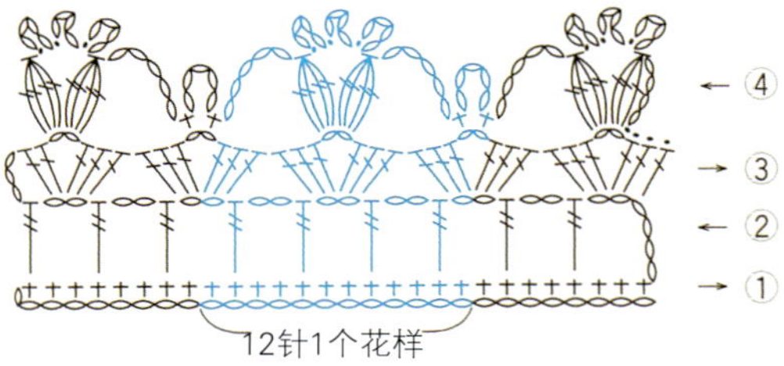

262

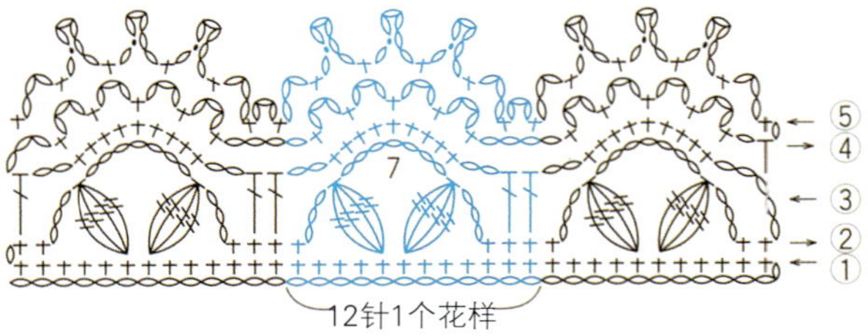

263

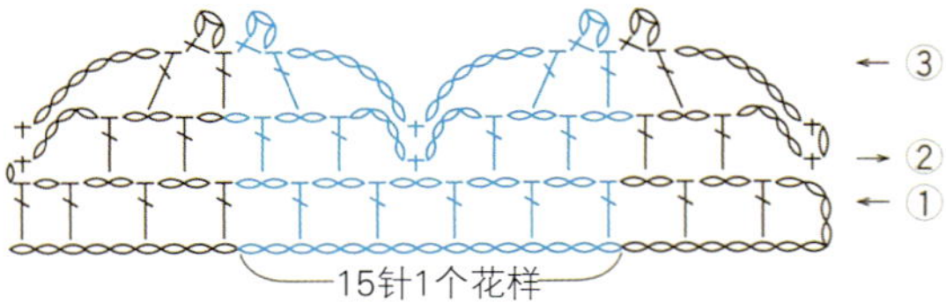

264

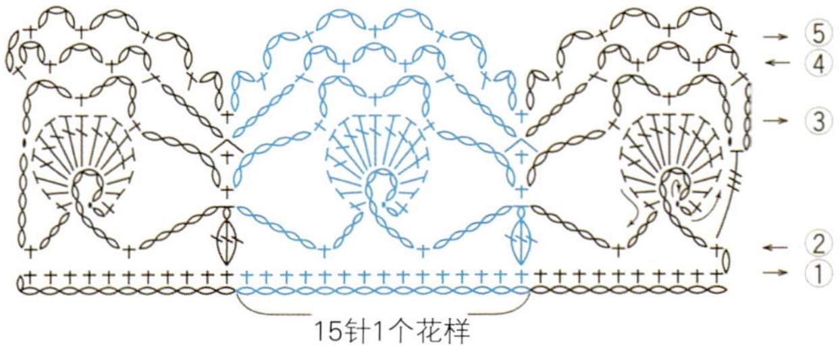

265

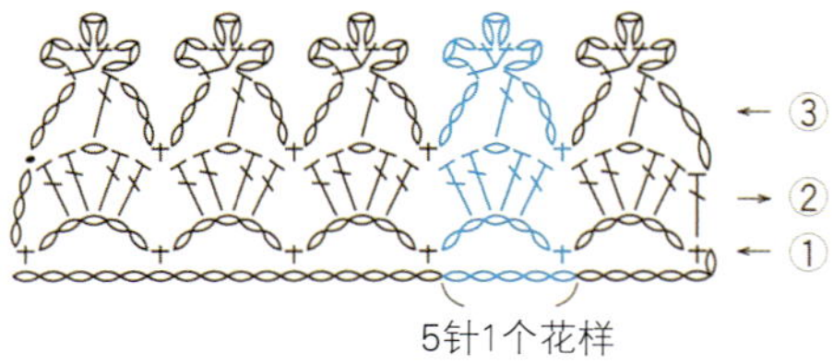

266

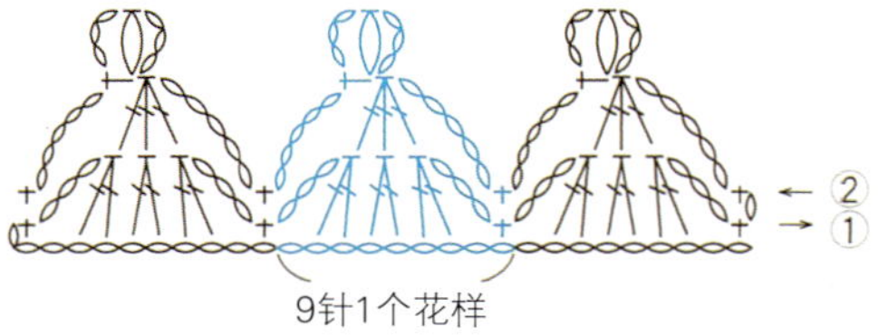

用线：260～264/25g、约127m，265、266/40g、约180m

267

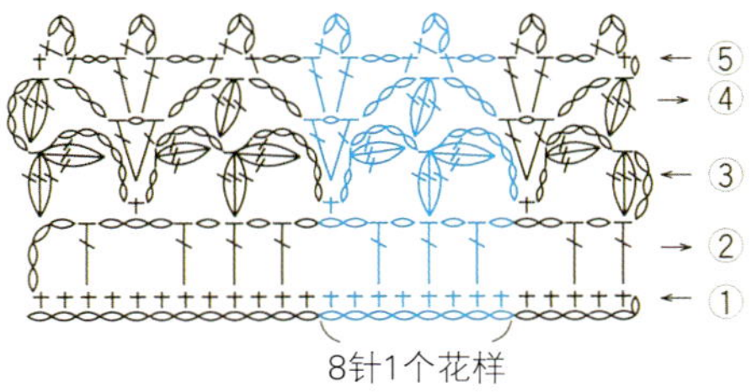

268

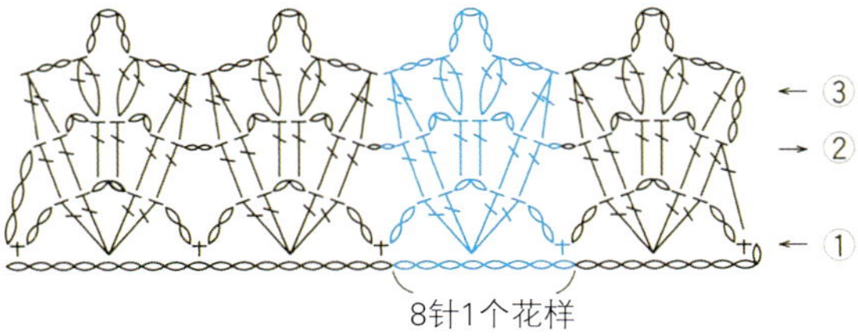

269

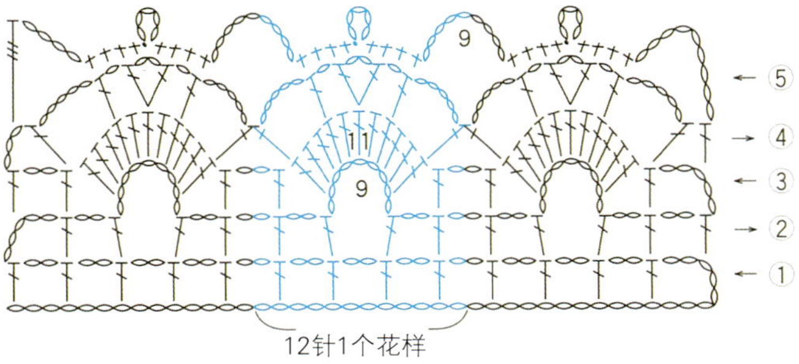

270

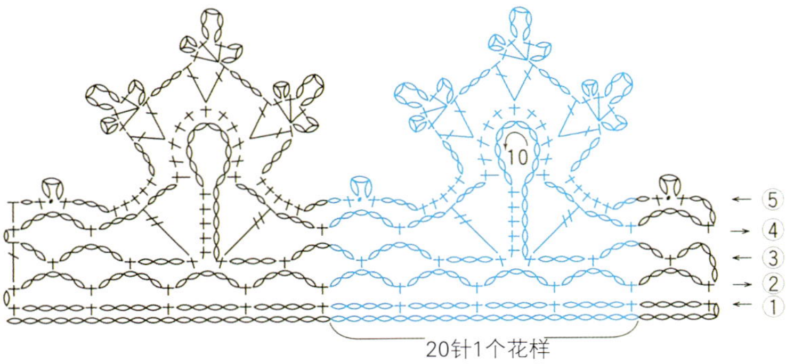

271

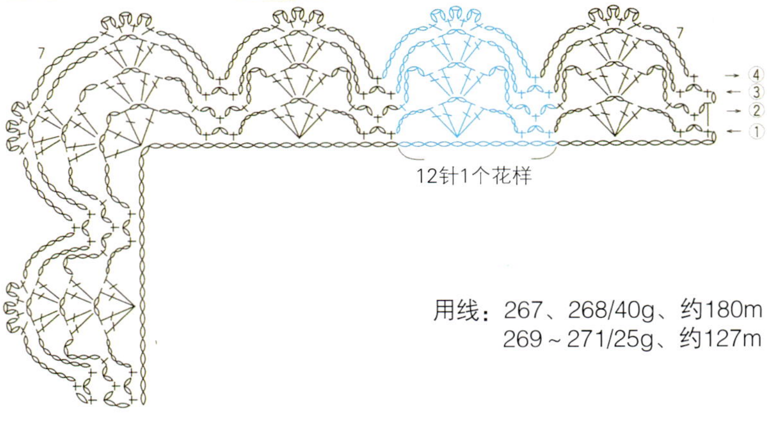

用线：267、268/40g、约180m
269～271/25g、约127m

272

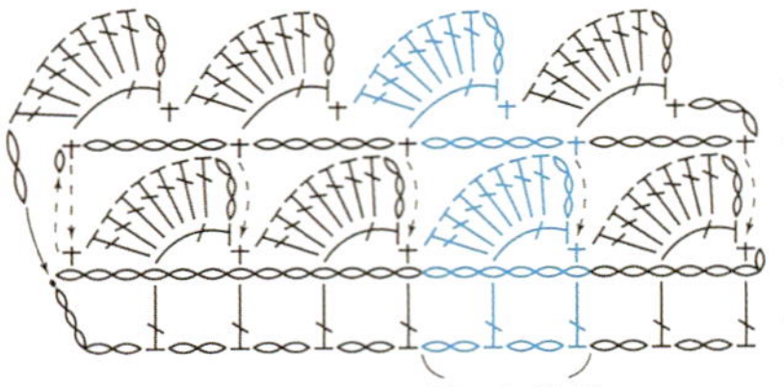

6针1个花样

273

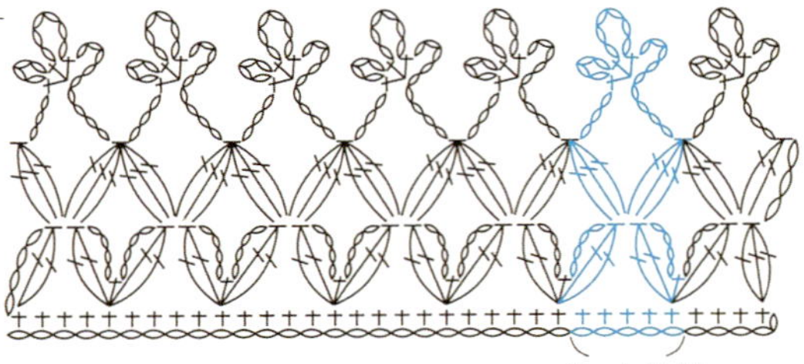

5针1个花样

274

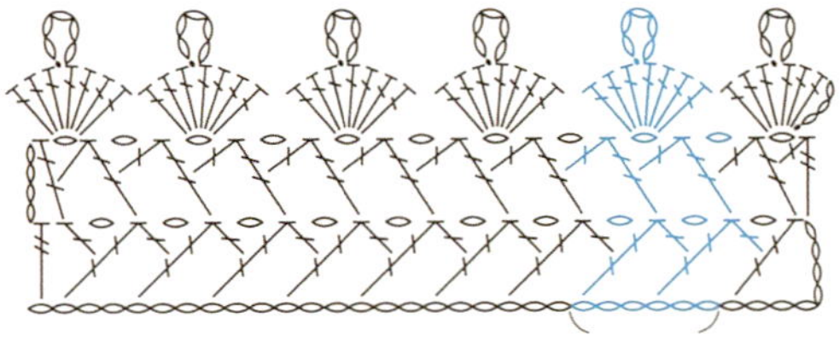

6针1个花样

275

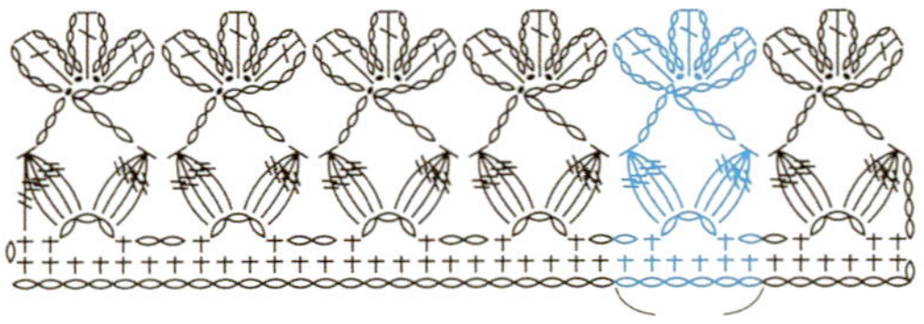

6针1个花样

276

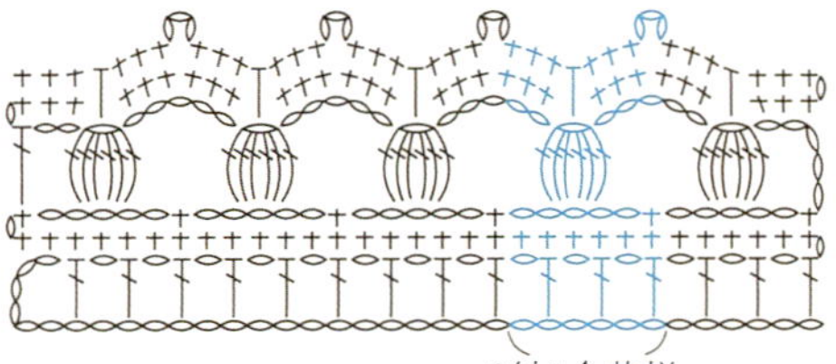

6针1个花样

277

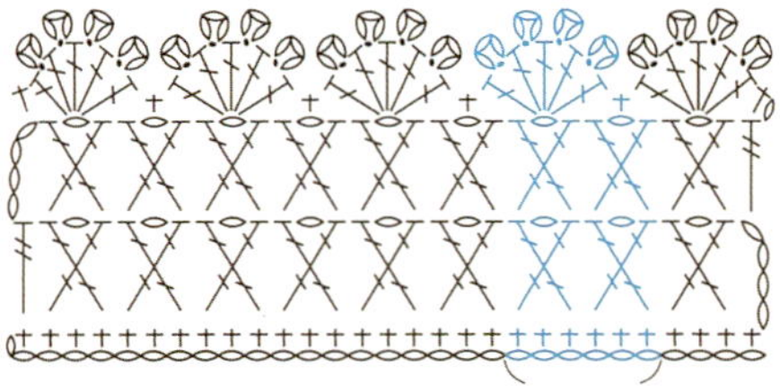

6针1个花样

278

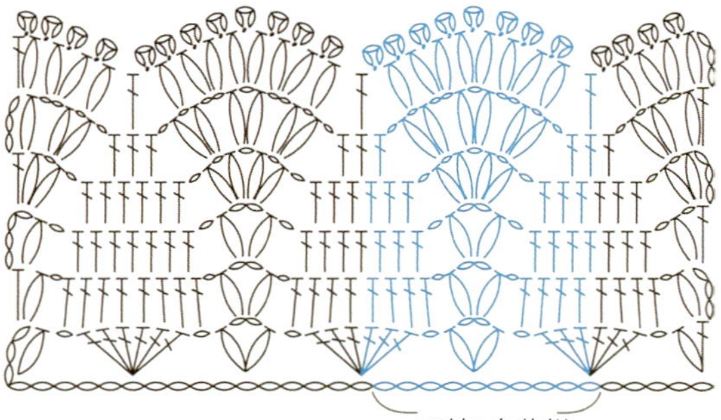

10针1个花样

用线：272～276/40g、约180m，277、278/40g、约240m

279

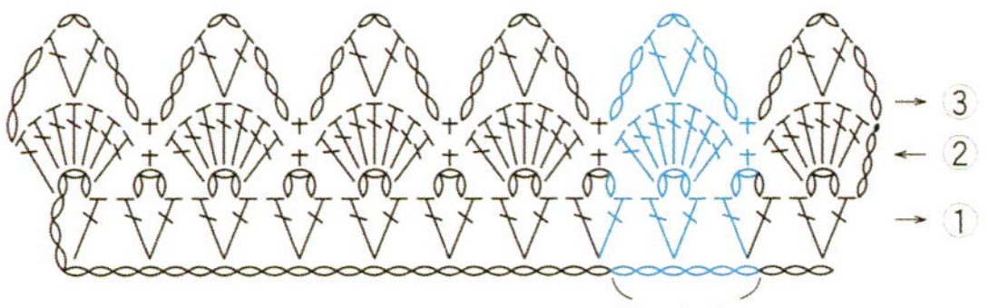

6针1个花样

280

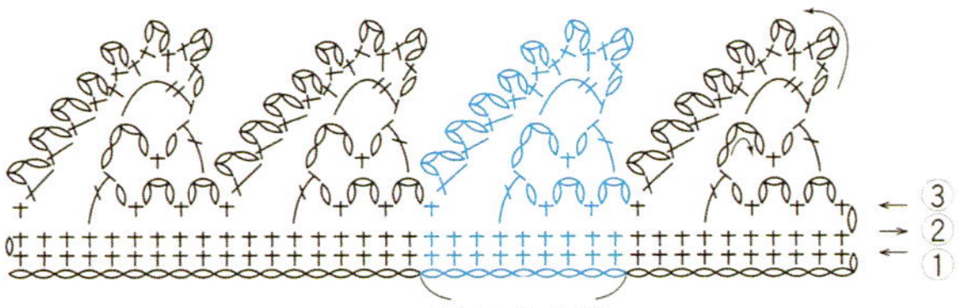

9针1个花样

281

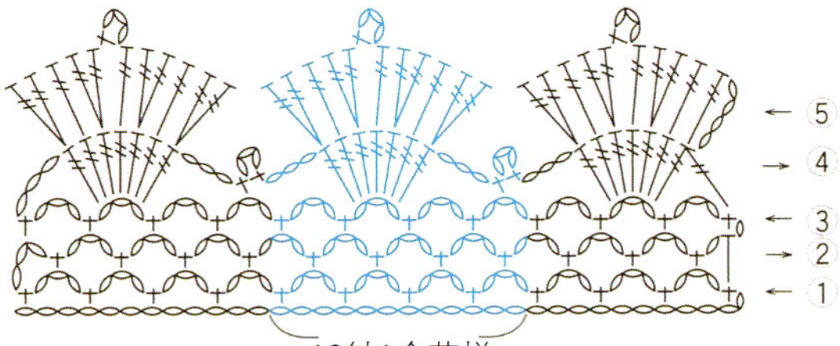

12针1个花样

282

16针1个花样

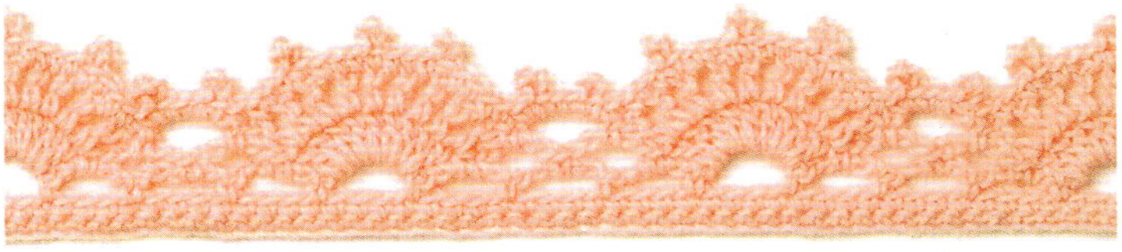

283

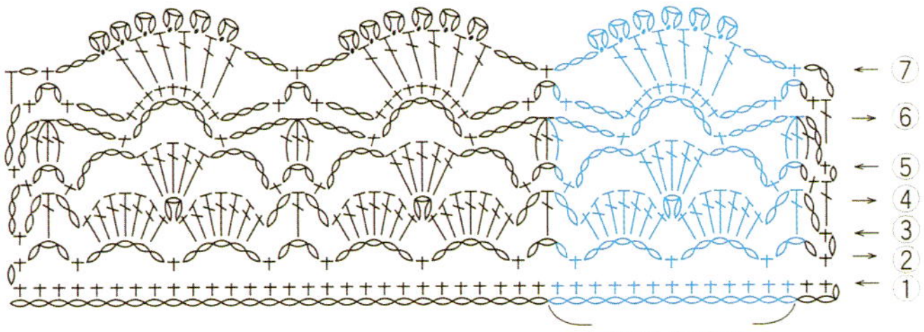

13针1个花样

284

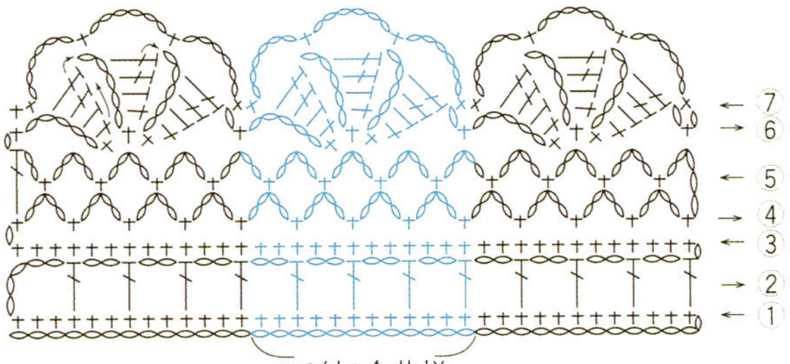

12针1个花样

285

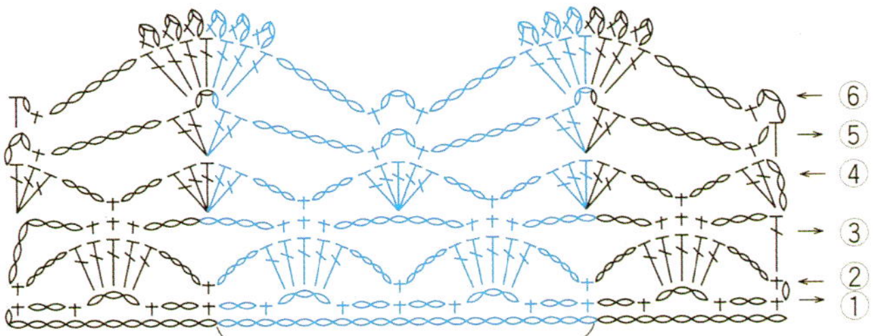

20针1个花样

用线：279～284/40g、约240m，285/25g、约142m

286

287

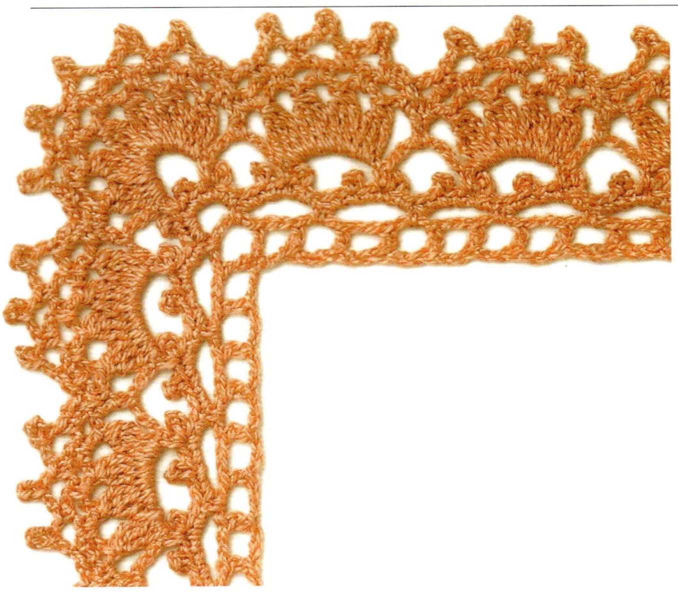

288

289

290

291

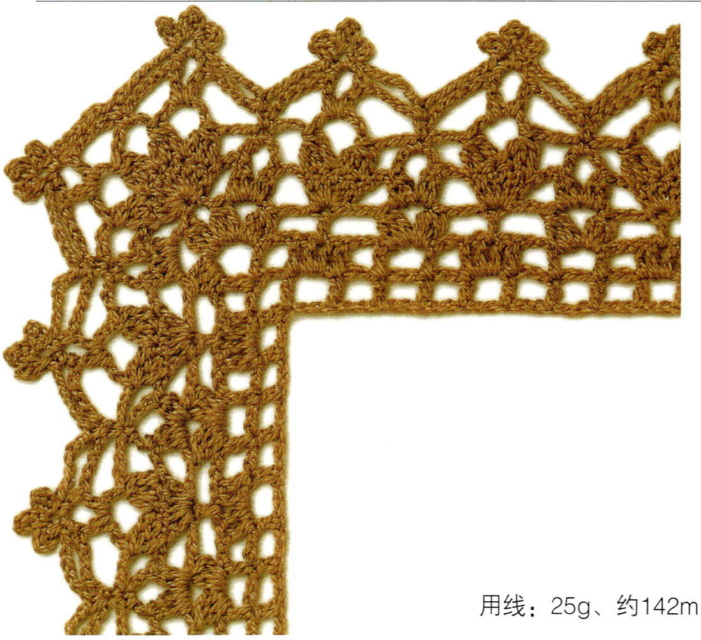

用线：25g、约142m

286

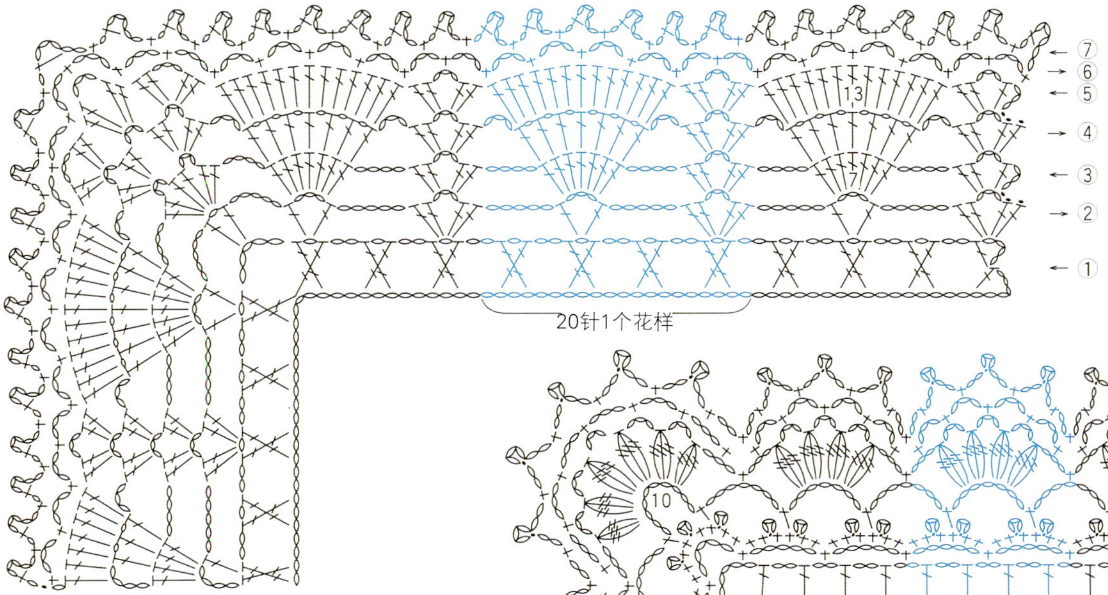

287

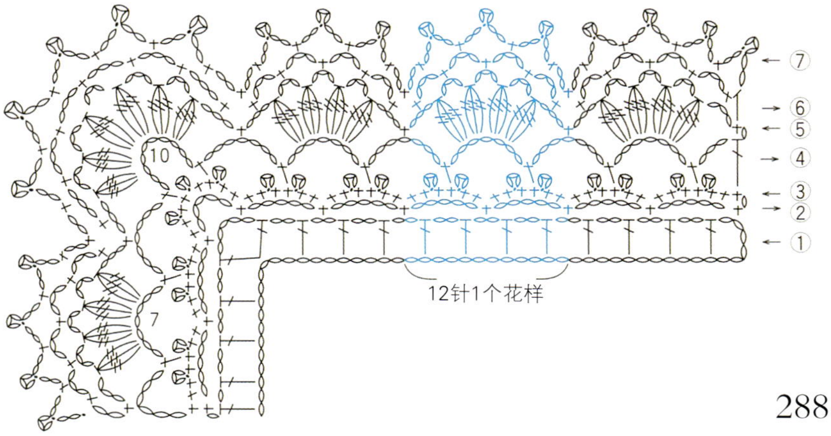

288

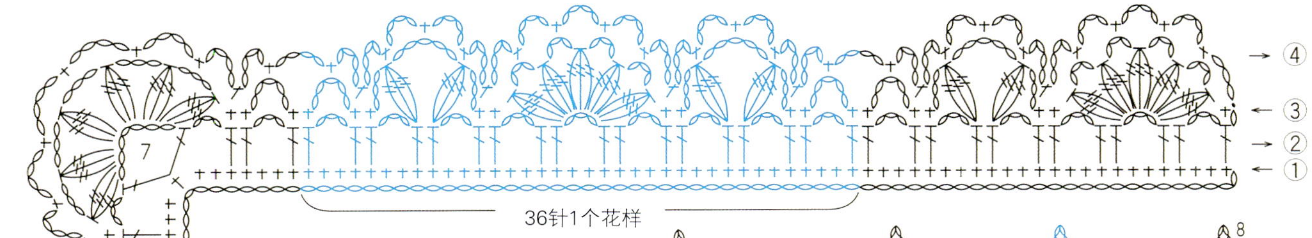

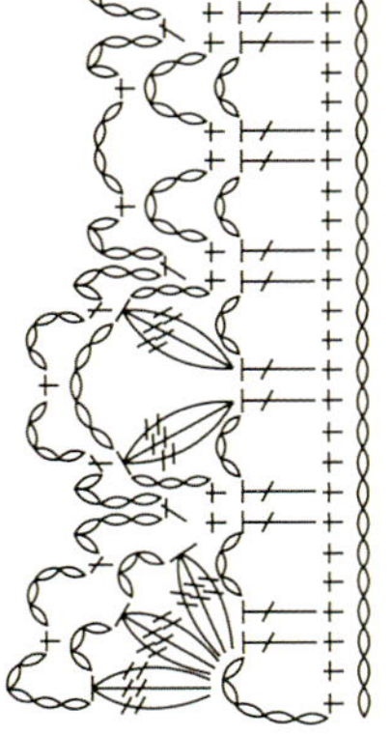

289

290

※291的编织图参见109页

292

293

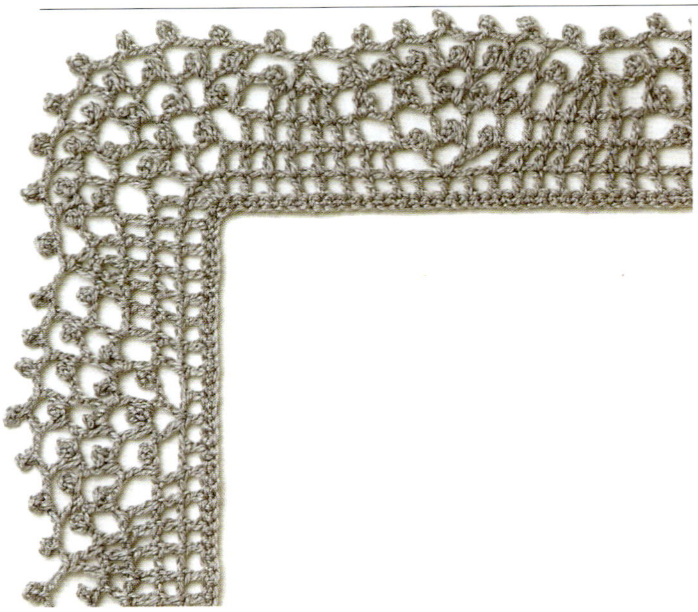

294

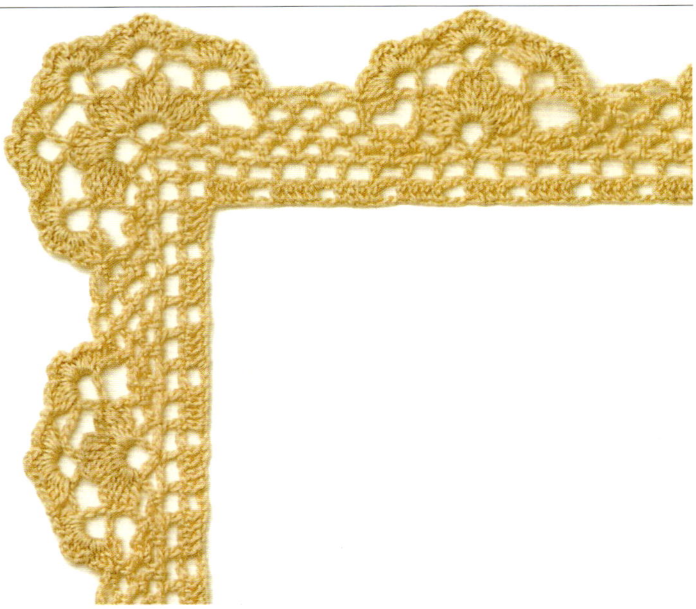

295

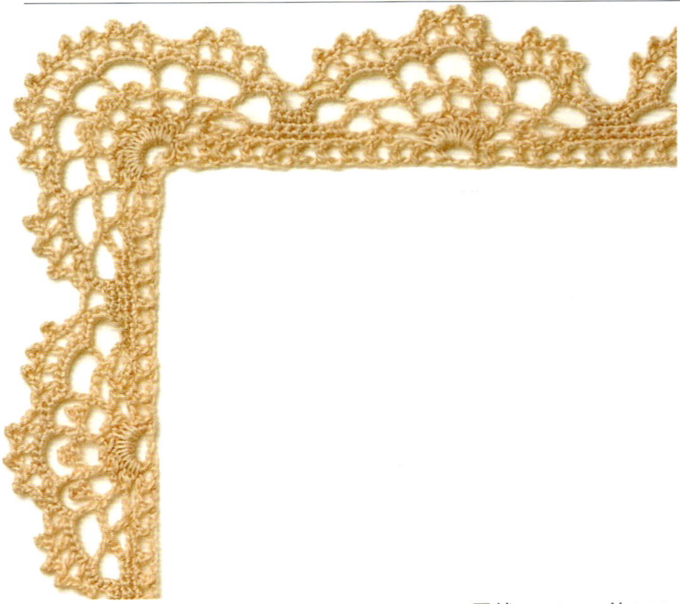

用线：25g、约142m

296

297

用线：25g、约155m
293/25g、约142m

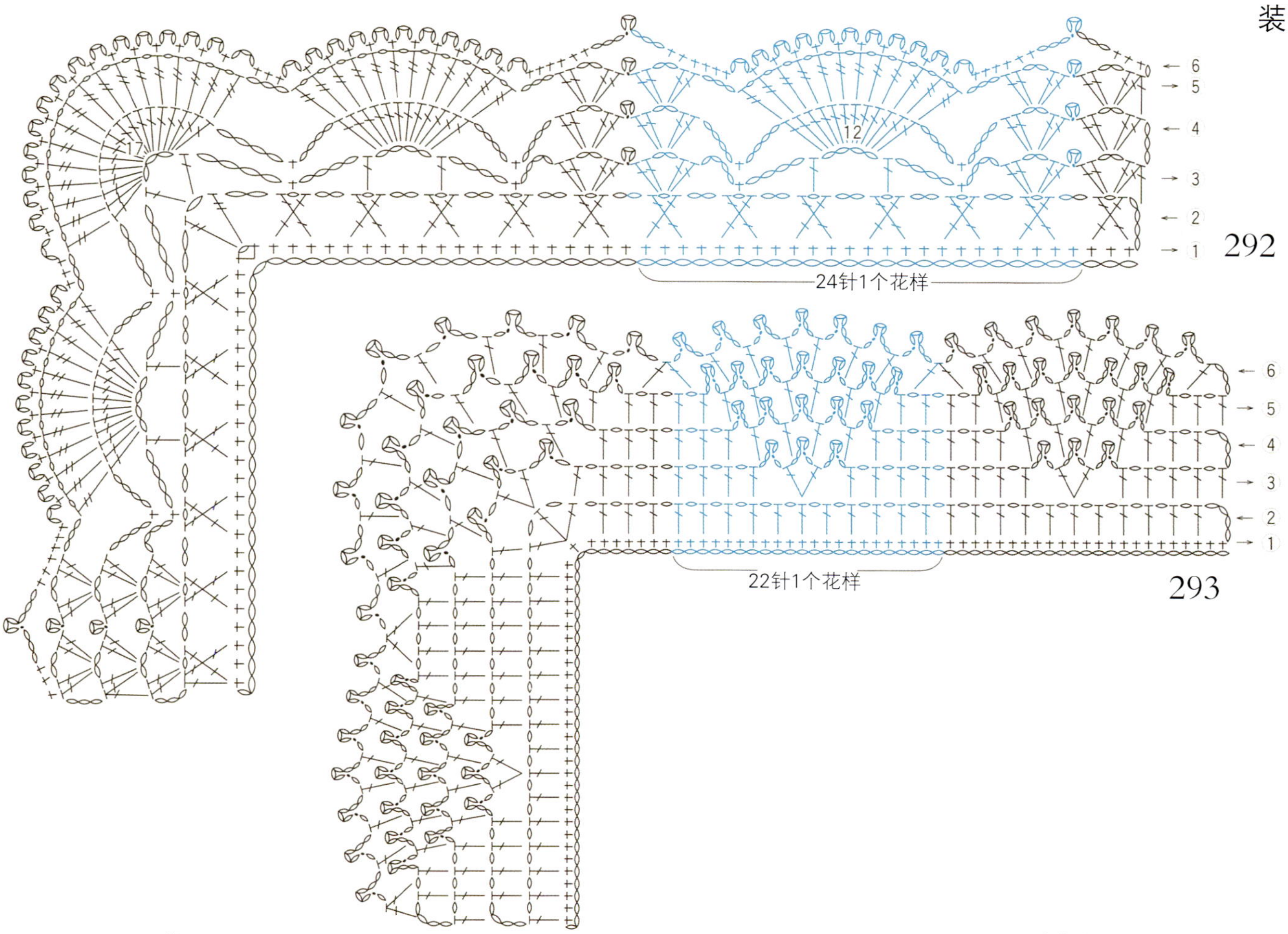

292

293

294

295

※296、297的编织图见109页。

298

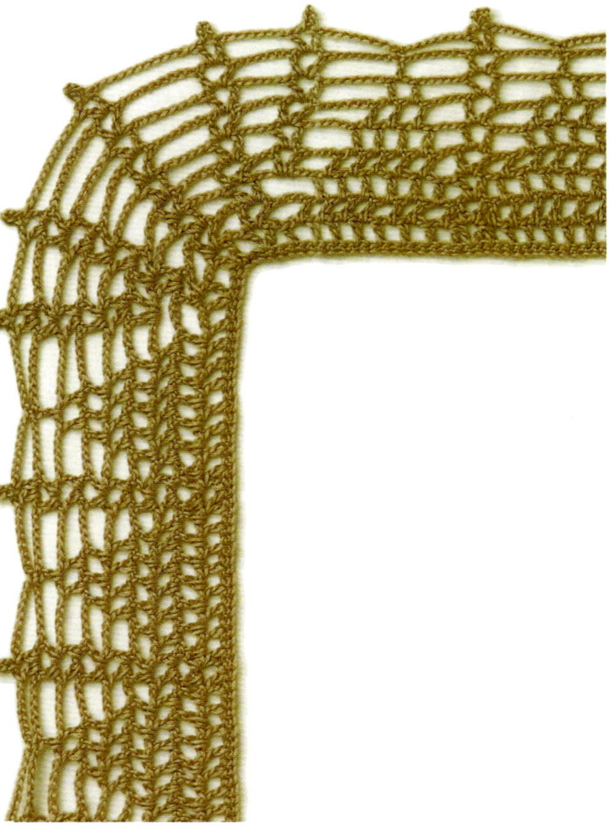

299

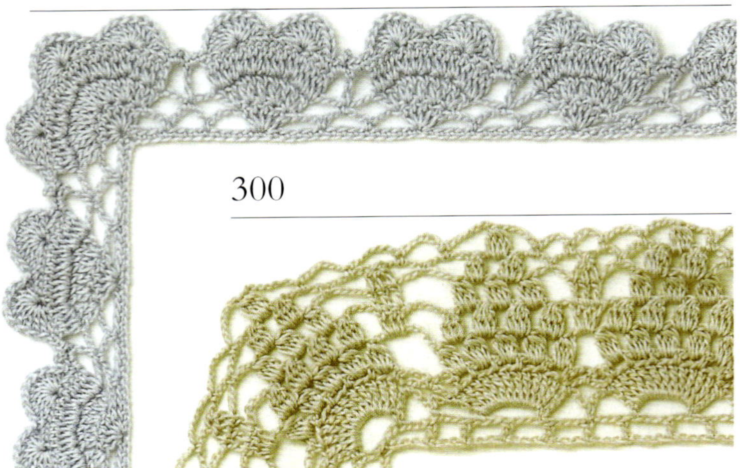

300

※300的钩织图见109页。

用线：25g、约155m

298

299

296 ※106页花边的钩织图。

291 ※104页花边的钩织图。

297 ※106页花边的钩织图。

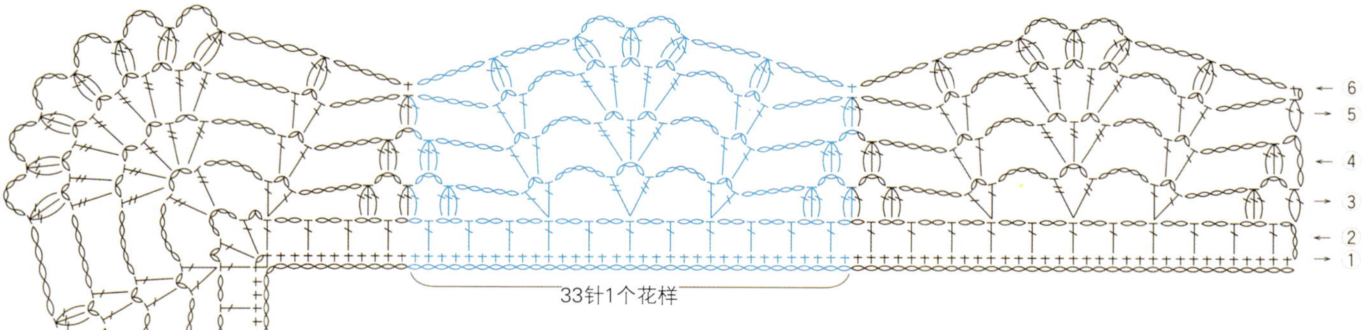

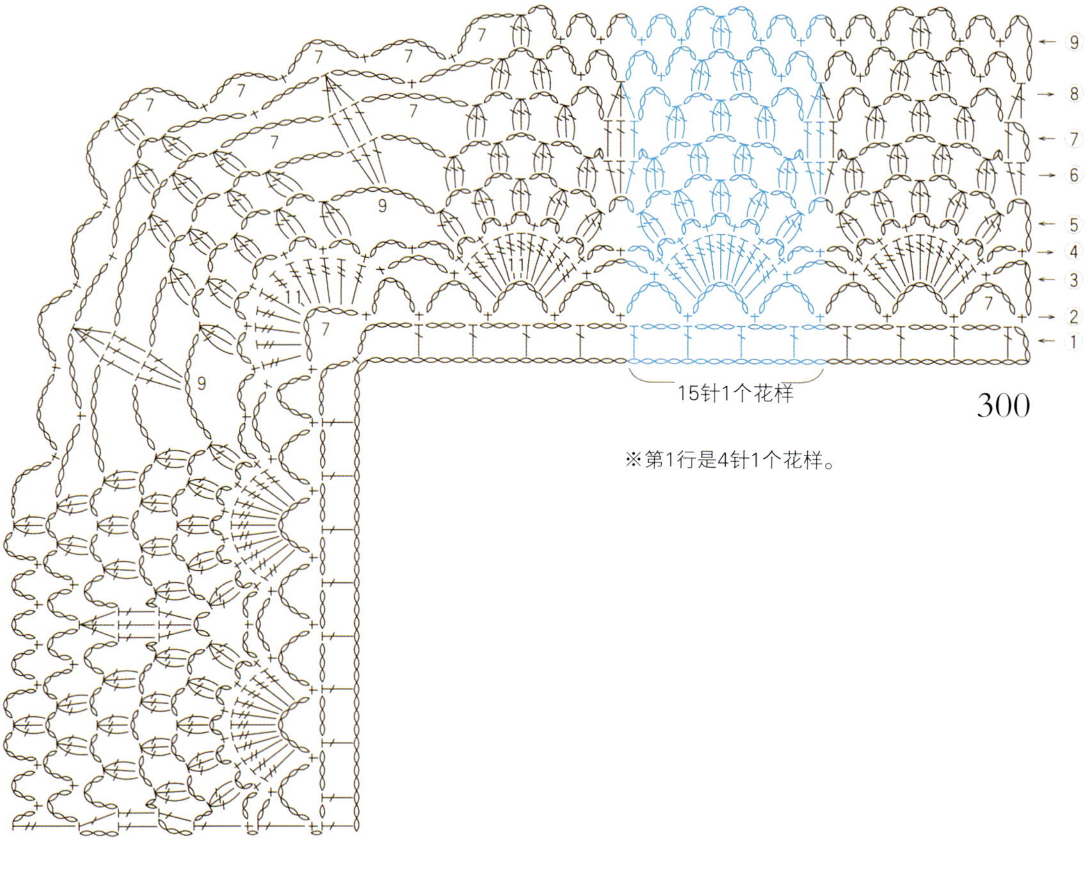

300

※第1行是4针1个花样。

POINT LESSON
花片连接要点

钩织结束时钩引拔针连接

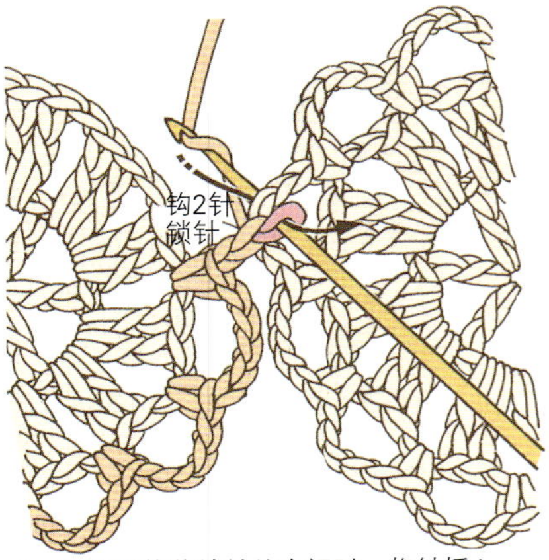

1 在钩网状花锁针的中间时，将针插入相对花片的锁针处，绕线。

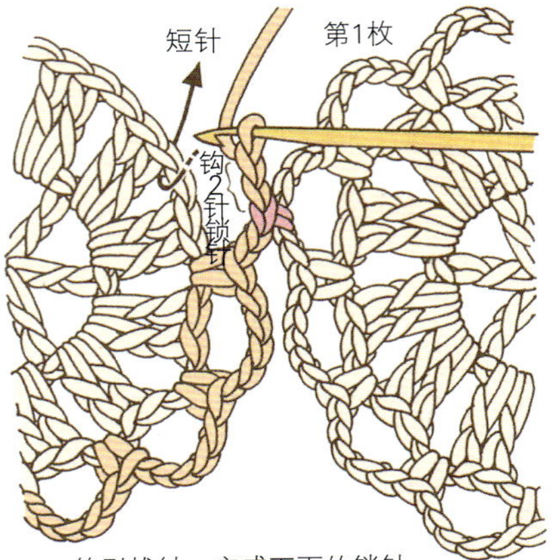

2 钩引拔针。完成下面的锁针。

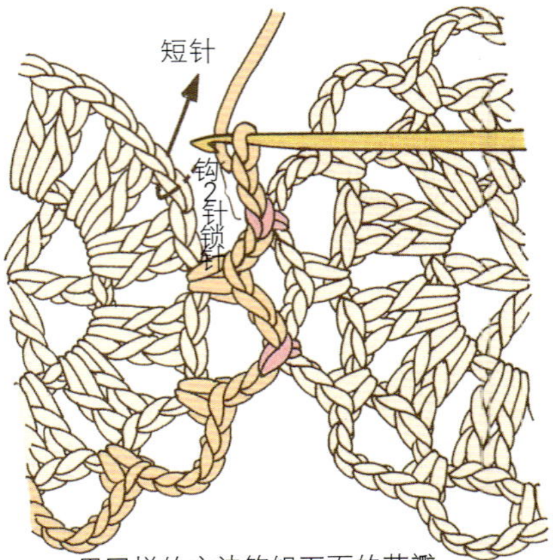

3 用同样的方法钩织下面的花瓣。

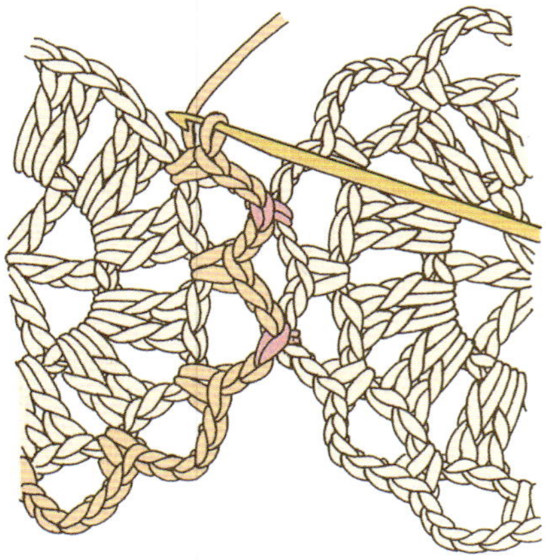

4 回到原来的花片。

用引拔针连接4枚花片

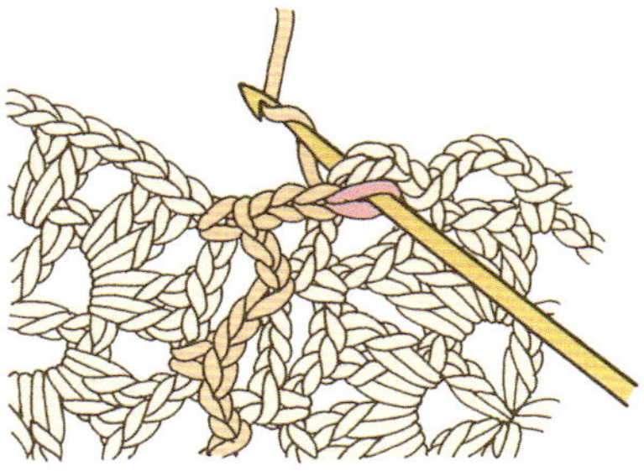

1 将花片2和1连接。

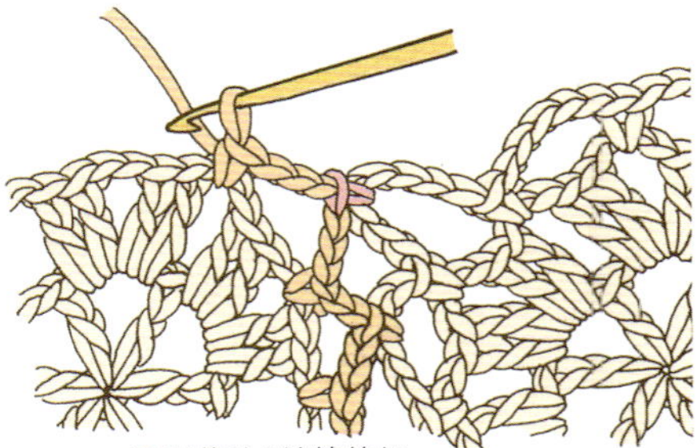

2 回到花片2继续钩织。

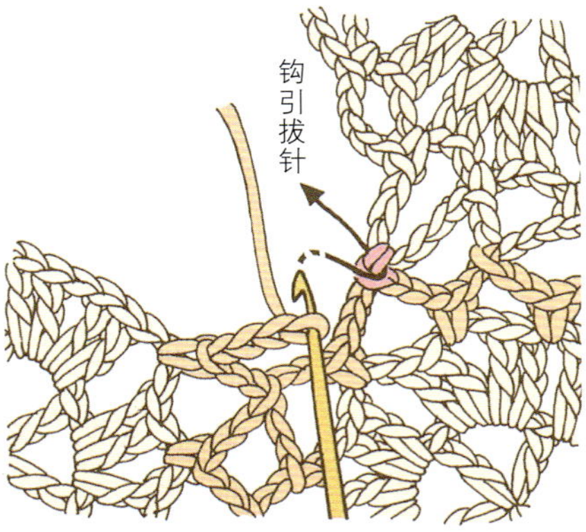

3 钩到花片3网状花锁针的中间，将针插入花片2的2根线中钩引拔针。

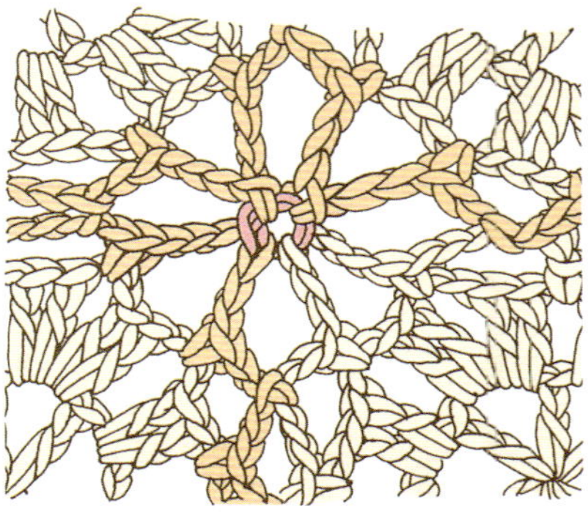

4 花片4同花片3，在花片2上钩引拔针。

钩织结束时用长针连接

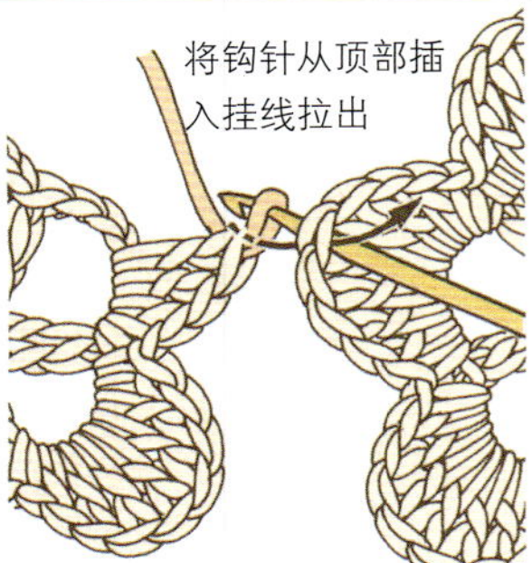

1 将织到花瓣中间的针拿下，从连接花片的中间插入，再将线挂回拉出。

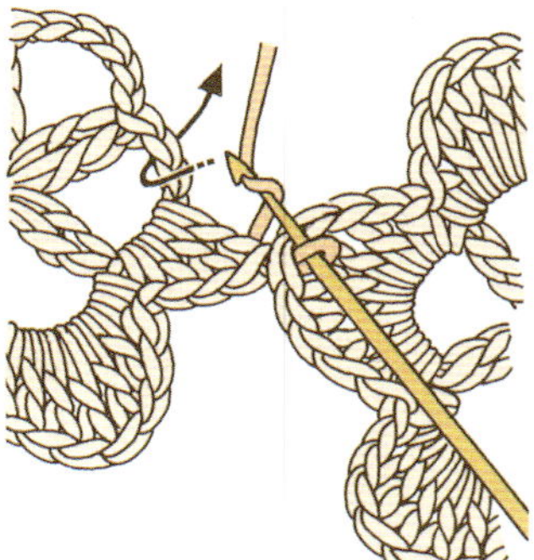

2 下1针绕线拉出。

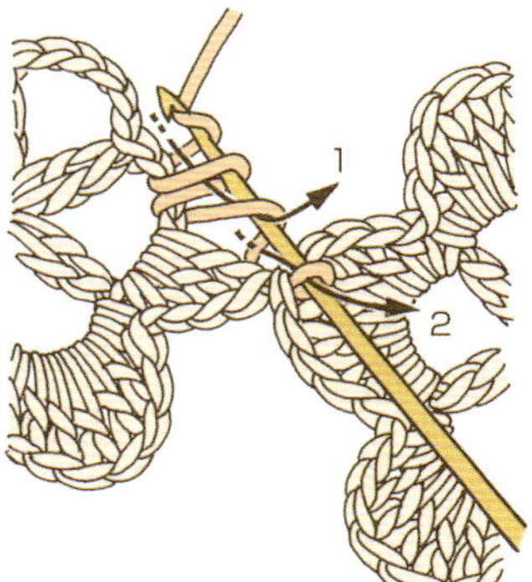

3 钩长针。

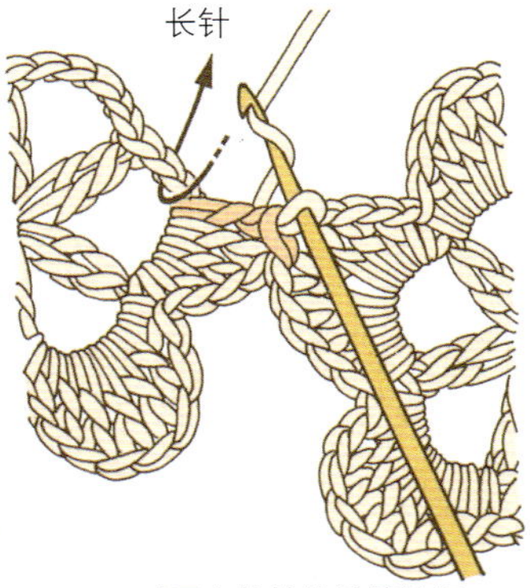

4 回到原来的花片继续钩织。

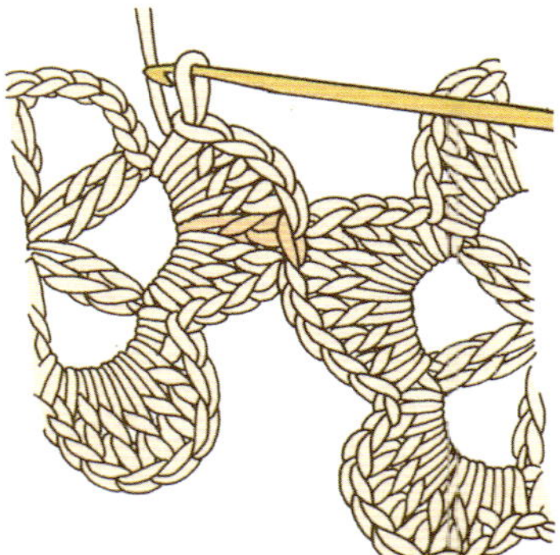

5 拉出完成。

钩织结束时用短针连接

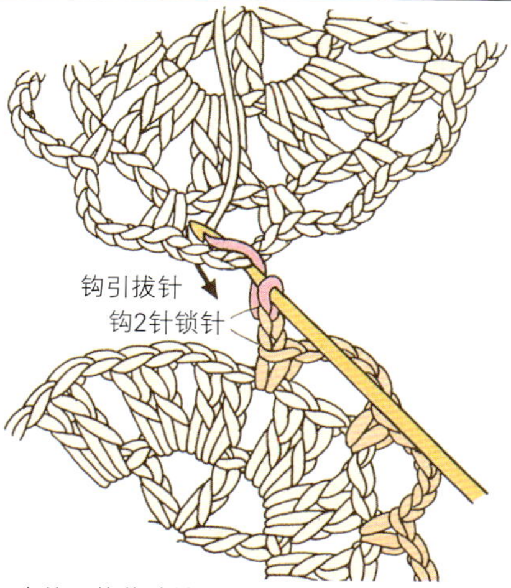

1 在钩网状花锁针的中间时，将针插入相对花片的锁针内侧钩引拔针。

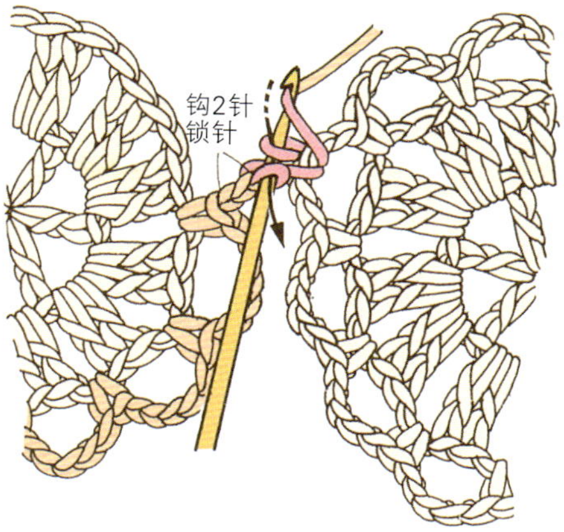

2 再钩1针引拔针。

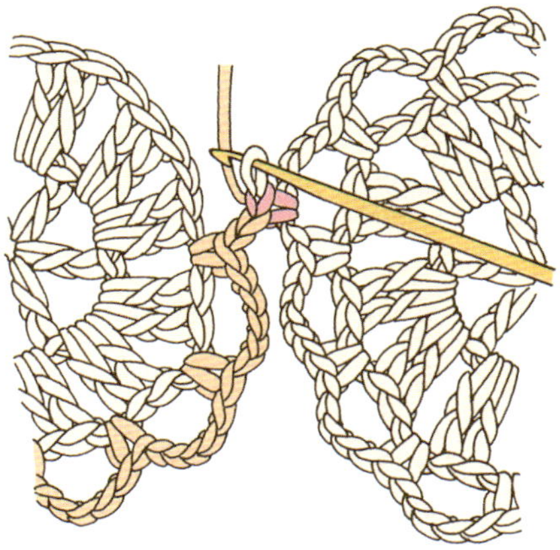

3 钩短针完成。

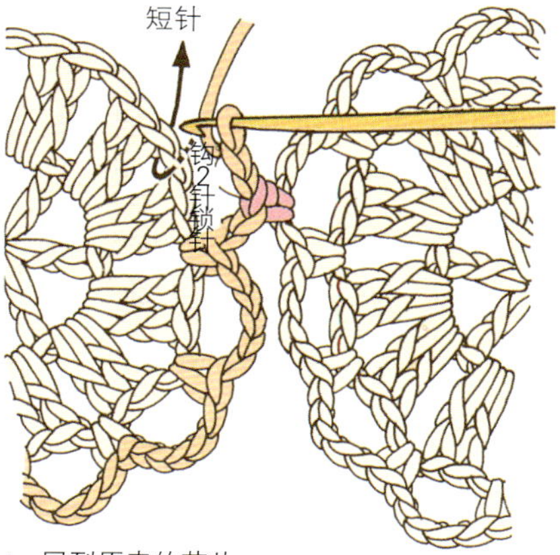

4 回到原来的花片。

用短针连接4枚花片

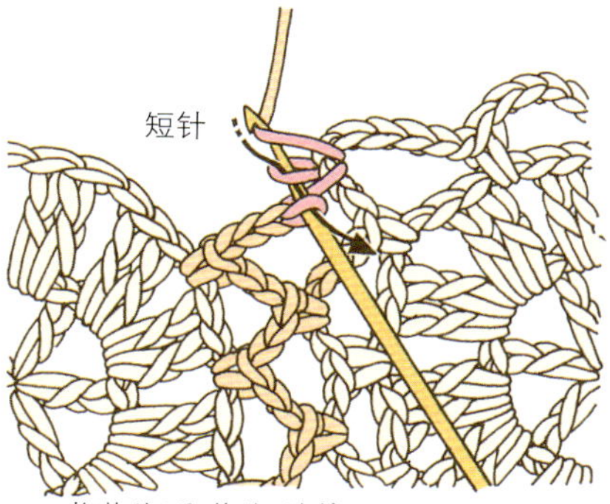

1 将花片2和花片1连接。

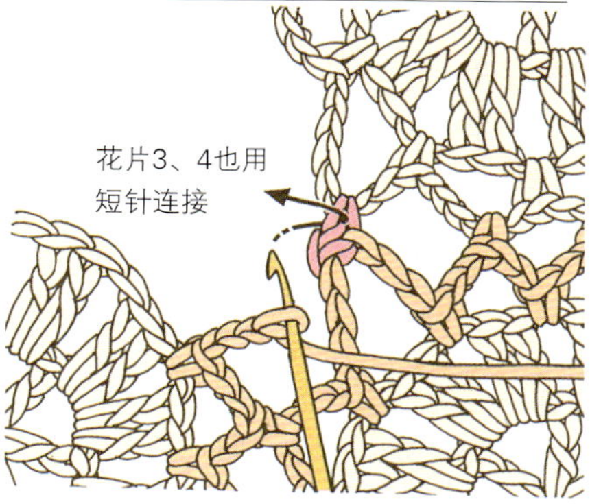

2 将连接3片的锁针织到中间，从2片相接的短针下面2根线插入，绕线拉出。

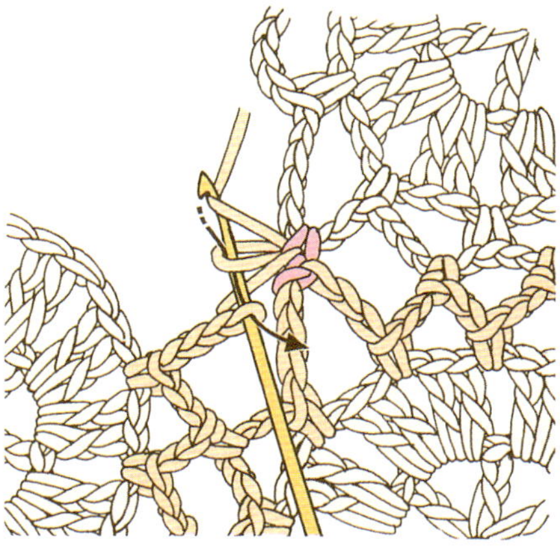

3 再次绕线并一次性拉出。

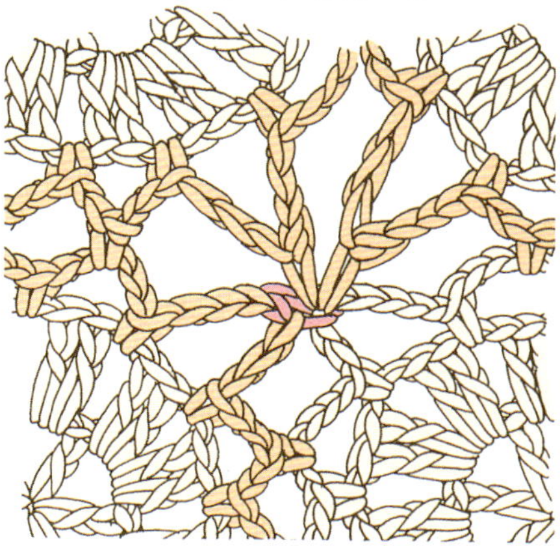

4 第4片同第3片处理，从2片相接的短针下面的2根线插入钩短针。

钩织结束时全部用长针连接

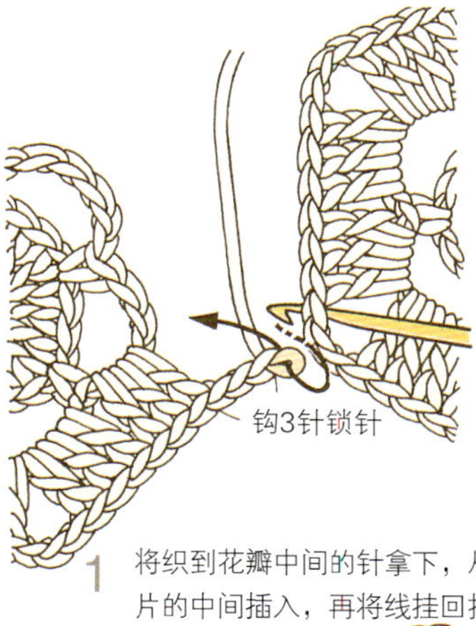

1 将织到花瓣中间的针拿下，从连接花片的中间插入，再将线挂回拉出。

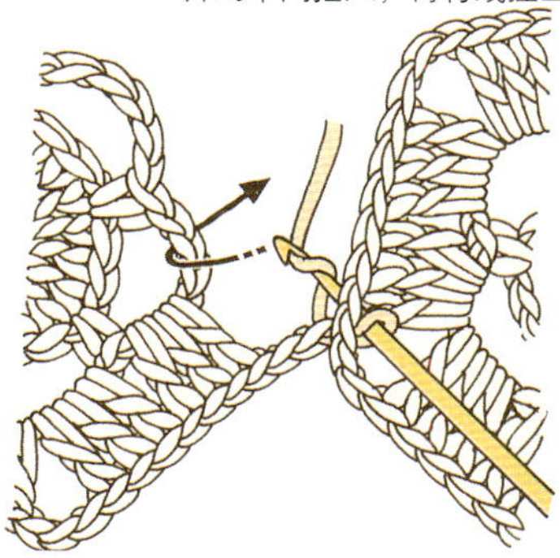

2 从相连花片的长针顶部2根线插入，绕线拉出。

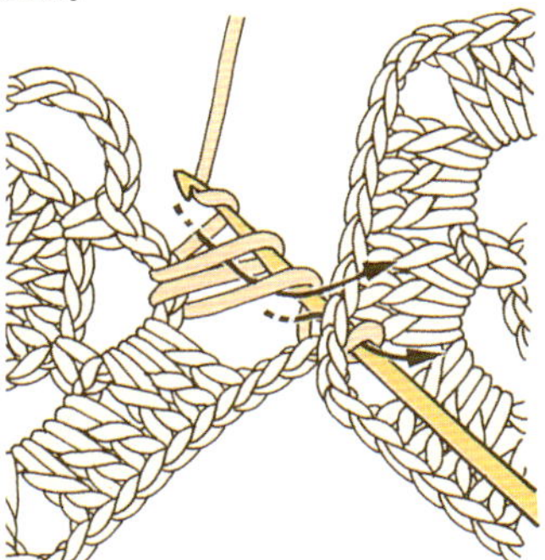

3 完成长针的钩编。

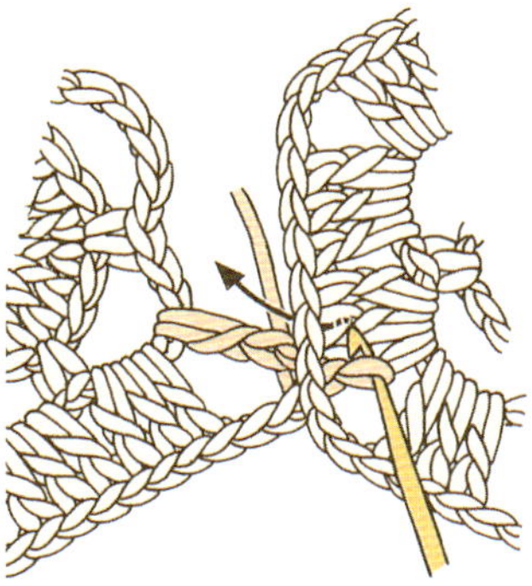

4 第2针重复步骤2、3。

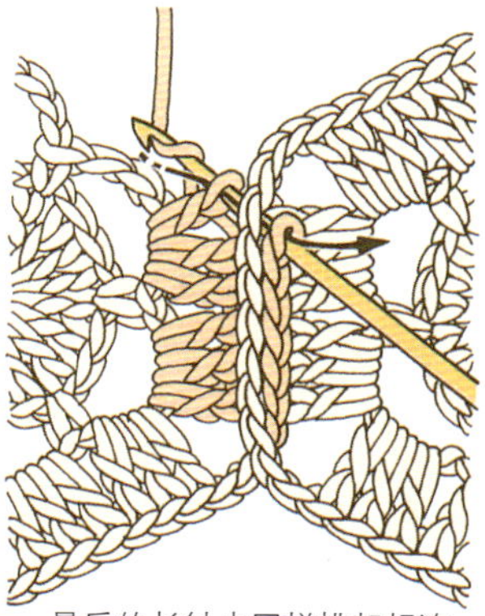

5 最后的长针也同样挑起相连共处对应的长针顶部钩织。

图书在版编目（CIP）数据

花样花片和装饰花边300/日本宝库社编著；梦工房译. —郑州：河南科学技术出版社，2013. 8（2025.8重印）
ISBN 978-7-5349-6475-6

Ⅰ.①花… Ⅱ.①日… ②梦… Ⅲ.①钩针-编织-图解 Ⅳ.①TS935. 521-64

中国版本图书馆CIP数据核字（2013）第161848号

出版发行：河南科学技术出版社
地址：郑州市郑东新区祥盛街27号　邮编：450016
电话：（0371）65737028　65788613
网址：www.hnstp.cn
策划编辑：刘　欣
责任编辑：刘　欣
责任校对：刘　瑞
封面设计：张　伟
责任印制：张艳芳
印　　刷：河南瑞之光印刷股份有限公司
经　　销：全国新华书店
开　　本：889 mm × 1194 mm　1/16　印张：7　字数：120 千字
版　　次：2013年8月第1版　2025年8月第11次印刷
定　　价：36.00元

如发现印、装质量问题，影响阅读，请与出版社联系并调换。